Estamos ciegos

Empresa y talento

Jürgen Klaric
Estamos ciegos

PAIDÓS

© 2023, Ediciones Culturales Paidós, S.A. de C.V.
Bajo el sello editorial PAIDÓS M.R.
Avenida Presidente Masarik núm. 111,
Piso 2, Polanco V Sección, Miguel Hidalgo
C.P. 11560, Ciudad de México
www.planetadelibros.com.mx
www.paidos.com.mx

Diseño de portada: Enoc Ruiz
Diseño y diagramación: Martín Arias

Primera edición en México en formato epub: agosto de 2017
ISBN: 978-607-747-405-0

Primera edición impresa en México en Booket: junio de 2023
ISBN: 978-607-569-443-6

Impreso en los talleres de Litográfica Ingramex, S.A. de C.V.
Centeno núm. 162-1, colonia Granjas Esmeralda, Ciudad de México
Impreso en México - *Printed in Mexico*

para el consumidor

"Es momento de aceptar
la ceguera que se tiene
ante el consumidor.
Te invitamos a que abras
los ojos a través de mis
diez principios básicos para
interpretarlo, descubrir
su conducta, y así
innovar de forma efectiva,
y equivocarte menos".

—Jürgen Klaric

¡gracias!

ESTAMOS CIEGOS
es de esos libros que
uno no puede hacer solo.
Este libro es un resumen
de todas las experiencias,
creencias, vivencias y aportes
del día de un gran equipo
y familia. Ahí reside su valor.

Agradezco en especial a:

Eduardo Caccla,
Ricardo Perret,
Rodrigo Arguello,
Cristóbal Cabo,
Zohe Vinasco,
Verónica Ospina,
Liliana Alvarado,
Jenny Sierra
y a toda la familia
Mindcode USA,
México, Argentina, Colombia,
Perú, Brasil,
Indonesia y Bolivia.

Gracias a ti, la mejor persona
del mundo, Teresita. Nada
de esto hubiese existido
si no hubiese sido por ella.
Gracias por los valores que
me inculcaste y el exceso de
autoestima que me regalaste.

Y a mi hermosa familia, aún
no sé cómo devolverles
todo el valioso tiempo y
momentos que les robé por
hacer realidad este libro. Soy
consciente de que ustedes
sufrieron con el parto de
este texto, pero ya verán que
valdrá la pena.

Y para terminar, pero
con la máxima sinceridad
y de forma muy especial,
agradezco a todos mis
clientes exigentes, brillantes
académicos, e iluminados
científicos, que fueron
mis mejores maestros desde mis
primeros
días de carrera.

índice

¡Hemos cometido
muchos errores,
aceptémoslo!

prefacio

Llevo quince años estudiando los misterios de la mente humana, y cada día que pasa soy más consciente de lo poco que sé, y de lo mucho que hay por aprender.

Soy un inconforme, anarquista de las formas regulares y mediocres y no estoy de acuerdo con la manera como se investiga y se hace *marketing* en nuestra era. Levanto un reclamo público a la academia porque me frustra ver cómo los jóvenes estudian de cuatro a seis años para aprender *marketing*. En muchas ocasiones sus padres hacen un gran esfuerzo para pagarles la universidad, y tristemente llegan a su primer trabajo y se dan cuenta de que lo que aprendieron poco les servirá para defenderse. Peor aún, constatarán que, con el conocimiento y la experiencia que tienen, difícilmente los contratarán por primera vez.

Este libro seguramente generará muchos fans y algunos enemigos. A eso siempre estamos expuestos los que pensamos diferente y hablamos con claridad. Pero ya verán que el objetivo de este libro es más noble de lo que se imaginan.

Lo que pretendo es hablar de forma transparente y directa, sin intereses ocultos, de todos los errores que hemos cometido esta generación de empresarios, publicistas y mercadólogos, y así contribuir con el nuevo *marketing* e innovación que no solo será más sano y efectivo, sino más humano y noble.

Les adelanto que los conceptos no serán fáciles de ingerir. Desaprender el método tradicional será aún más difícil, pero deben abrir su mente, romper uno que otro paradigma, e intentar reprogramarse para recibir este nuevo conocimiento que de seguro hará una diferencia en su carrera y sus resultados.

Debemos decirlo: este método jamás se hubiese creado si yo no fuera un inconforme y curioso de la mente humana. Les garantizo que después de leer *Estamos ciegos* jamás verán al consumidor ni los métodos de investigación e innovación de la misma forma.

Después de leer
ESTAMOS CIEGOS,
jamás verás
al consumidor igual.

Por esto los invito a ser parte de esta nueva revolución llamada "Blind to consumers".

Solo hay un principio para sanarse: aceptar que uno está enfermo. En nuestro caso, se trata de aceptar que estamos mal. Sí, enfermos y ciegos en la forma de ver la vida y entender los misteriosos procesos de la mente del consumidor.

"No tengo
miedo de
empezar
**DESDE
CERO".**

—Steve Jobs

TOP
100

ALGUNAS MARCAS CIEGAS, ZOMBIES Y DIFUNTAS

Esta lista es el resumen de una profunda investigación de datos, realizada en el segundo trimestre de 2011. Hago la aclaración que cuando digo difunta, me refiero a marcas que ya no están en el mercado. Cuando me refiero a ciegas, es porque tengo pruebas de que esas empresas no conocen ni conectan con su consumidor, y cuando digo *zombies*, es porque aún están allá afuera haciendo la lucha, pero mientras no tengan claro cómo procesa y piensa el consumidor, estarán en riesgo latente de desaparecer.

"Esta es la mejor época para vivir, donde casi todo lo que sabíamos es equivocado".

—Tom Stoppard

New Coke † Blockbuster † Mercury † Volvo † Music Warehouse † Saturn † Gateway † Play by Starbucks † Montgomory Ward † Sony Betamax†Wendys†Washington Mutual † Sony Walkman † Fruit of the Loom † Shaper Image † Kmart † Bic Underwear † Kb Toys † JVC † Pan Am Airways † US Airways † Panasonic † Hallmark † Ritz Camera † Hitachi † Chevy † Levitz † Goldstar † Electrolux † Northwest Airlines † Atari † Olympia † Bombay Co. † Comodore † Parker Pens † Aloha Arilines † Crystal Pepsi † Arthur Anderson † Mervyns † Radion † Planet Hoolywood † Woolworth † Herbal Essence † Fashion Café † Linens & Things † KangaROOs † America On-Line † Sheraton † Jordache † Oldsmobile † Sharper Image † Gloria Vander Vent † Pears Soap † Yellow Pages † UFO Jeans † AOL † Baskin & Robbins † Pepe Jeans † Moulinex † Newsweek † Playmovil † Readers Digest † Palm † Hot Wheels † Playboy Magazine † Polaroid † Pepsi A.M. † Penthhouse † Jamaica Arilines † Maxewell House † Hummer † Virgin Cola † Matchbox † Tower Records † Expo Design Center † Dinners Club † Faber-Castell † Memorex † Circuit City † Max Factor † Toys r Us † Good Guys † MSN Encarta † Pontiac † Huffy Bikes † Netscape † DHL † Banana Republic † Saab † Lotus † Software Jazz † The Sharper Image † TDK † Black Berry † TAB y Crush † Powerade

CAPÍTULO UNO

Yo era el más ciego de todos, ¡pero me cansé de adivinar!

1

"Creo que no nos quedamos ciegos, creo que estamos ciegos, ciegos que ven, ciegos que, viendo, no ven".

—José Saramago

Creo que es difícil hablar de uno mismo, siento que es más fácil decir quién NO soy, para explicar un poquito quién sí soy. En realidad no soy un antropólogo, no soy científico, ni pertenezco a las ciencias sociales ni científicas; en realidad mi bagaje y mi experiencia se fundamentan en la publicidad. Siempre me ha gustado y he disfrutado comunicándome y tratando de entender la mente humana. Mi conocimiento se fundamenta en haber trabajado con cientos de profesionales y académicos de las diferentes disciplinas científicas, además de haber estado siempre cerca de gente sumamente capaz en el mundo de la antropología, la sociología y la semiótica. He sido, y aún lo soy, un estudiante atento; si algo me caracteriza, es tener la capacidad de aprender con velocidad y reaccionar al conocimiento, como una esponja.

Pero al mismo tiempo soy sumamente pragmático y objetivo, estoy enfocado en los negocios, me considero un vendedor intuitivo, un estudioso de los métodos para encriptar, comunicar y vender de la manera más efectiva. Me gusta investigar cómo conectar con la gente al nivel emocional, para poder conquistar sus corazones y así lograr una apertura y aceptación del discurso de venta, el diálogo, todo esto con el fin de que el consumidor adquiera los productos y servicios que desee. El haber sido antropólogo me habría limitado la manera de ver las cosas. El espíritu social que tiene un antropólogo jamás me habría llevado a entender que la antropología también sirve para generar procesos comerciales. ¿Qué habría sido de mi carrera si hubiese estudiado Neurología o Biología? No ser un especialista científico ayuda a poder sacar de cada una de las especialidades la parte más valiosa para crear un proceso de conexión emocional efectivo. No ser un neurocientífico, sino más bien un pragmático, ayuda a ser más eficaz y libre para crear una metodología que logre interpretar y seducir al consumidor. Permite obtener el conocimiento de estas ciencias para lo que nos interesa: saber realmente cómo usarlas para conquistar a los consumidores.

Les cuento un poco de la historia de cómo surgió este conocimiento y la inspiración para crear, promover y liderar este movimiento filosófico y mercadológico ambicioso y trascendente.

Mis padres no son norteamericanos, ellos simplemente andaban haciendo sus maestrías en San Francisco, lugar vecino donde nací. A los 8 años de edad me llevaron a vivir fuera de Estados Unidos y, después de graduarme de bachiller, empezó mi travesía nómada. Gracias a ella viví en varios países y aprendí de distintas culturas.

Todas estas vivencias te abren la mente y te permiten descubrir que existen varias formas de ver el mundo y de hacer las cosas. Me da mucha lástima saber cómo hay tantos norteamericanos que nunca han salido de sus fronteras y creen que lo mejor está ahí. ¿Cómo entender y comprar si no conoces? Cuando viajas, aceptas que hay algo más allá de tus fronteras.

Además, cada país me llevó a tener una necesidad instintiva de supervivencia dentro de cada cultura para ser aceptado socialmente y poder convivir de manera adecuada en cada entorno. De este modo me he formado como una persona sumamente abierta, con pocos tabúes. Así logré ser muy feliz en todos estos países y los llegué a sentir como propios. Vivir en cinco países, y especialmente en Estados Unidos, me dio la oportunidad de conectarme con muchas sub-culturas. Convivir con alemanes, mexicanos, italianos, chinos y franceses me abrió la mente. Comprendí la importancia de saber interpretar los códigos culturales. Esto me hizo muy sensible e intuitivo, y me hizo posible establecer grandes amistades y relaciones de negocios a largo plazo.

"Desde joven tuve la habilidad de leer, un poco de **poder intuitivo** para interpretar y descubrir las intenciones de la gente".

Desde pequeño, cuando mi padre llevaba gente a almorzar o a cenar a la casa y nos la presentaba, yo iniciaba de forma inconsciente un proceso de lectura del personaje. Muchos de ellos podían ser amigos, algunos socios futuros o compañeros de negocios. Desde muy pequeño descubrí en mí la habilidad para leer comportamientos, y movimientos gestuales y corporales. Creo que hasta podía tener habilidades especiales para interpretar las palabras que usaban y aquellas que no usaban. Me sorprendía mi fuerte nivel interpretativo de lo que no decía la gente, pero sí sentía. En varias ocasiones le dije a mi padre que no se asociara con diferentes personajes, y él me decía que yo era muy joven. A través del tiempo simplemente sucedía lo intuido o aquello que había podido leer. Ayer fue una intuición, hoy tengo la técnica.

Todo era parte de un juego que luego se convirtió en la base y la razón de ser de una carrera que me llena de pasión y satisfacción.

Me siento afortunado por tener la capacidad y sensibilidad para leer e interpretar los comportamientos y emociones de la gente. Y hoy es una técnica probada, y siento la necesidad de compartirla con la mayor cantidad de gente posible.

PUBLICISTA DESDE LA INFANCIA

A los 11 años me inicié en el mundo de la publicidad, cuando mi primo Tonsi era candidato a la presidencia del colegio. Seguramente él, al descubrir las capacidades que yo tenía, me pidió que hiciera los carteles y panfletos que iba a repartir dentro del colegio. Es así como inicié una larga carrera como comunicador, investigador y publicista, y me di cuenta de que la mejor forma de conectar emocionalmente a través de la comunicación no es tan fácil como expresar lo que quieres o crees; el fin efectivo es comunicar lo que la gente quiere escuchar, ahí es donde se fundamenta todo este proceso.

Fui publicista muchos años y llegué a ser parte de la familia Ogilvy & Mather en las gloriosas épocas de Shelly Lazarus. Manejar cuentas importantes y vivir todas esas experiencias extremas me llevó a concluir que el resultado final de la comunicación y la publicidad no está fundamentado en lo intuitivo únicamente, ni en lo que crees que debe ser, sino también en el conocimiento profundo del consumidor para lograr ofrecerle lo que está buscando, aunque no sepa qué es lo que quiere.

Mi carrera empieza a girar hacia la investigación y planeación estratégica, más que hacia la creatividad. Junto a mi socio, un ser sumamente creativo con raíces en la planeación estratégica, comenzamos a hacer mucho énfasis en la importancia de estudiar al consumidor con profundidad para entender sus necesidades emocionales. Eso era más importante que ganar premios publicitarios con anuncios de televisión sorprendentes, que hicieran reír más que comprar. A principios de los años noventa hablar de publicidad emocional o *branding* emocional era un discurso entendido por pocos y aplicado por menos.

Esto generó dentro de nosotros un conflicto: queríamos resultados económicos para nuestros clientes. Era muy difícil y riesgoso manejar millones de dólares en inversión publicitaria, y no saber qué responderle al cliente cuando preguntaba si la campaña iba a funcionar y ser exitosa. Cuanto más subían los montos, más conflicto ético sentía. En la gran mayoría de los casos no había otra alternativa que decir que sí. Pero después, al final del día, apoyado en la almohada, me ponía a pensar: ¿qué pasaría si ese fuese mi dinero? ¿Realmente estaría dispuesto a hacerlo? Me daba cuenta de que no era tan fácil como decir: "Sí, va a funcionar. Vamos adelante con esa inversión".

A pesar de que sabíamos y habíamos probado que la gran intuición del publicista es la herramienta de su éxito, sentíamos que tenía que haber un modelo más científico para descubrir de forma fundamentada cómo piensa la gente, saber por qué dice una cosa y hace otra. Con esto podríamos ayudar a dar resultados.

Fue entonces cuando un grupo de publicistas y mercadólogos tuvimos la idea de salirnos de la industria y emprender un camino largo de descubrimiento acerca de cómo interpretar la mente humana. Fue un proceso sumamente largo. El método tardó mucho más de lo que yo pensaba en funcionar. Nos llevó más de ocho años para que empezara a dar resultados estables.

CON UNA SOLA CIENCIA ERA IMPOSIBLE

Primero aprendimos de la academia de la antropología, luego nos fuimos a buscar profesionales en psicología, más adelante nos dimos cuenta de que la respuesta estaba más allá de las ciencias sociales. En la neurología había mucho conocimiento útil. Sabíamos que en

Estados Unidos estaba ese conocimiento, y entre Estados Unidos y otros países fuimos juntando las diversas partes.

En este proceso conocimos mucha gente brillante de distintas especialidades y profesiones. Nuestro trabajo no solo era crear el método, sino convencerlos de crearlo con una retribución a largo plazo, para así sumar lo mejor de cada una de estas ciencias sociales y biológicas, y lograr interpretar la mente y conducta humana. Es eso lo que hemos logrado, después de varias pruebas y errores, con la colaboración infinita de cientos de personas.

> **"No teníamos dinero**
> **ni estudios especializados para crear el**
> **método.**
> **Nada de esto habría sido posible**
> **si no hubiera sido por mi**
> **→ terquedad**
> **y poder inspiracional**
> **para sumar a los académicos**
> **y científicos al sueño".**

Muchas personas me preguntan si el método siempre funcionó, y me gusta ser honesto: falló mucho. Sin embargo, desde sus inicios superó al mediocre *focus group*. El modelo de interpretación del subconsciente colectivo de las masas era un proceso muy complicado, teníamos que lograr que tuviera aún más candados de seguridad para poder garantizar un resultado mucho más científico, creíble y efectivo para los negocios.

El método Mindcode tiene más de 12 años. Mejora cada día debido al constante uso y la participación en nuevos retos y experiencias en seis diferentes países.

El método siempre ha estado abierto a propuestas. Por ejemplo, nuestros clientes son grandes colaboradores.

Es producto de una cocreación de más de trescientos profesionales en ocho países, de tres ciencias sociales y una biológica.

"Al integrar todas estas diferentes ciencias en un solo modelo,

podemos garantizar ➕

aún más el resultado. Porque, como digo yo, una o dos ciencias pueden fallar, pero cuatro... está difícil que fallen".

MALDITO EGO... NO NOS DEJA ACEPTARLO

Es duro reconocerlo, pero si nos ponemos a analizar de forma sincera y honesta cuál es nuestra situación como mercadólogos y publicistas frente a otros profesionales, nos damos cuenta de que realmente somos los ganadores absolutos del error y de las fallas constantes dentro de la labor profesional.

Si nos ponemos a comparar nuestro gremio e industria con otros profesionales como los pilotos de avión, los médicos o ingenieros civiles que construyen puentes y edificios, los contadores o los músicos, notaremos que nos equivocamos más que todos. Constantemente no damos los resultados que nuestros clientes esperan. Y es por esto que se construyen tan pocas relaciones a largo plazo.

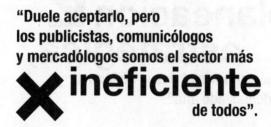

"Duele aceptarlo, pero los publicistas, comunicólogos y mercadólogos somos el sector más ineficiente de todos".

Me queda claro que nuestro sector también ha lanzado al cielo a muchas empresas, además de brindar un gran respaldo a sus procesos de éxito y crecimiento. Sin embargo somos inconstantes en el éxito y seguimos cometiendo muchos errores e inversiones que son un fracaso. En esta industria, siempre se ha mirado con sospecha a la ciencia y la metodología. La intuición y la creatividad han sido más valoradas. Y por qué no decirlo, la intuición ha hecho a los grandes líderes y los ha llevado a ser tan exitosos. Lo dice Malcolm Gladwell en Blink: todo líder es líder por su capacidad subconsciente intuitiva de toma de decisiones. Lo cierto es que la intuición ha llevado al éxito a grandes líderes y empresas, pero también los ha quebrado. Hoy una estrategia no puede estar basada solo en la intuición de un equipo, pues hay mucho dinero en juego y además cada vez resulta más difícil mercadear, comercializar. La intuición debe estar sustentada en un profundo conocimiento de la mente del consumidor y planeación estratégica que hagan que se vuelva realidad para poder ser más exitosa.

> **"La intuición sirve de mucho y logra resultados, pero uno debe respaldarla con investigación y planeación estratégica, de lo contrario el riesgo de innovar es demasiado alto".**

Yo me retiré hace más de 14 años de la industria publicitaria y ahora que soy *coach* de las grandes empresas y las top 10 agencias de publicidad, me sorprende realmente ver a estas agencias a nivel internacional trabajando técnicamente igual los últimos veinte años. Durante este tiempo los profesionales realmente se han preocupado por crear modelos y métodos para poder interpretar al consumidor y cubrir las exigencias subconscientes del cliente.

No creo que toda la culpa sea del publicista; es más, creo que tiene aún más culpa el cliente por no invertir dinero y tiempo para el proceso. Cliente y publicista son claves para encontrar información relevante para el consumidor.

Constantemente veo que se implementan estrategias tan importantes y millonarias de promoción, activación, publicidad y comunicación sin tener la información necesaria. Los procesos investigativos previos realizados por los *planners* de una agencia de publicidad, si los tienen, duran no más de 10 a 15 días, y en casos regulares, de cinco a seis días. En dichos procesos, los investigadores salen a caminar, preguntar, entrevistar y navegar en la web y así tratan de encontrar conocimiento del consumidor para luego detonar el proceso creativo estratégico, casi siempre con técnicas no tan profundas, ya que no cuentan con tiempo y menos con presupuesto para lograr algo contundente. Sin embargo, salen a ver cómo están funcionando las cosas en el exterior y esto es mejor que nada.

Creo también que los publicistas tienen culpa y responsabilidad en algunos casos, al no exigir a su cliente tiempo y atención al conocimiento del consumidor.

Así como tenemos los mejores socios, aliados y amigos publicistas, en otros casos, muchos de nosotros, investigadores, somos mal vistos por algunos publicistas, quizá porque sienten que somos una amenaza. Es una manera de proteger su negocio. Lo bueno es que son cada vez más los publicistas que entienden que vale la pena conocer otros métodos y que los nuestros están alineados con su proceso creativo. Que les sirve para arriesgarse menos.

Esta imperante necesidad de lograr más ventas y resultados, y minimizar los riesgos y las fallas constantes, ha hecho que los clientes contraten con más frecuencia empresas de investigación. Hoy vemos el gran crecimiento del uso de las competencias antropológicas, etnográficas y de *neuromarketing* que buscan esos *insights* y el conocimiento necesario para alinear a los distintos agentes de activación y comunicación. Pero sucede también que la información no es recibida de la mejor forma.

Los documentos llegan a las manos de los creativos, y generalmente son casi obligados a usar esta información, aunque no crean en ella, para ejecutar el proceso creativo. Muchos de ellos creen que esto limita la creatividad.

Cientos de veces he escuchado cómo los creativos desacreditan a las empresas de investigación y los descubrimientos obtenidos por miedo y paradigmas erróneos. Yo simplemente lo veo así:

"Todo gran *insight* vive por

3 infaltables momentos,

y el tercero es aceptado como un gran ingrediente de éxito".

el segundo es aceptado parcialmente

el primero es rechazado absolutamente,

"Lo nuevo y diferente regularmente es incómodo, incomprendido y rechazado".

Más adelante les explicaré por qué es tan importante que las personas dedicadas a la investigación, al *marketing*, a la comunicación y a la publicidad trabajen solidariamente en el proceso de obtención de la información estratégica para generar los cimientos de la planeación estratégica de todos los escenarios de negocio.

Debemos aceptar que el proceso de gestación conceptual comunicacional no ha cambiado mucho hoy. El cómo se hace una campaña publicitaria de comunicación de una gran marca en el mundo es muy similar a como se hacía hace diez o veinte años. Creo que todos hemos sido culpables de la falta de invención o actualización, y es por esto que somos cómplices de la cantidad de errores y dinero que se pierde.

¿DE QUÉ ESTÁ HECHO EL MÉTODO?

De la antropología trajimos todo ese conocimiento profundo acerca de lo que hace trascendente o relevante al ser humano, es decir, cómo trascendemos a través de actos y procesos.

Hoy la antropología y la etnografía han logrado grandes espacios y credibilidad, especialmente en situaciones donde se requiere interpretar otras culturas lejanas a la tuya. Por ejemplo, Intel estudió con antropólogos por años a los asiáticos para innovar los procesadores del futuro para esos mercados.

La antropología de mercados estudia al ser humano, sus relevancias, miedos y tradiciones para así interpretar su constructo social y cultural. Hace un puente clave entre las relevancias de la vida del ser humano y las marcas, los productos y servicios.

La psicología nos ha dado la posibilidad de entender por qué la gente siente lo que siente, piensa lo que piensa y hace lo que hace.

Existen cientos o miles de modelos psicológicos estudiados y probados que son la base del *modus operandi* de la mente humana; hoy el *neuromarketing* presume saber y descubrir muchas cosas que fueron descubiertas por grandes psicólogos en los años cincuenta o sesenta. Por ejemplo, creo plenamente que en esta segunda década del siglo XXI, se puede decir y constatar que un psicólogo sabe más y puede interpretar de mejor forma muchas cosas que un FMRI (Resonancia Magnética Funcional) de última generación utilizada por un mercadólogo. Cuando se trata de conexión emocional con productos, los psicólogos contemporáneos le llevan por lo menos diez años de avances al *neuromarketing*. Pero hoy de la mano estamos logrando mucho.

En sus inicios, la psicología era la más utilizada para poder interpretar al consumidor, y lo hacía especialmente con ejercicios proyectivos que siguen siendo valiosos.

Sin embargo, cuando el ser humano entra a interactuar con la sociedad, su tribu, sus miedos y exigencias sociales hacen que cambien radicalmente sus percepciones, respuestas y significados de las cosas.

Por eso decidimos introducir conocimiento sociológico al método para interpretar que toda toma de decisión tiene gran influencia social.

Posteriormente nos dimos cuenta de que había muchas cosas que la gente no decía, pero sí sentía o pensaba en lo más profundo. Era a partir de estas cosas como se generaba el proceso de conexión o de relación emocional. Entonces, empezamos a usar técnicas psicoanalíticas, con las cuales lográbamos interpretar el inconsciente del ser humano.

Y LA TRAVESÍA NO TERMINÓ ALLÍ...

Luego descubrimos el poder de lo simbólico, aprendimos que el ser humano es la única especie en la faz de la Tierra con capacidad simbólica, y es por esto que nos acercamos a la semiótica, que es la disciplina que sabe cómo interpretar los signos, su estructura y la relación entre el significante y el concepto del significado.

Pero aún no podíamos interpretar los actos y reacciones. El comportamiento del ser humano seguía siendo un misterio.

Es allí donde encontramos en la biología y la etología grandes explicaciones a grandes hipótesis. Allí nos volvimos fanáticos de lecturas biológicas, de las conductas subconscientes. Invitamos al equipo a gente experta en biología, etólogos que estudian el comportamiento animal.

La etología (del griego *ethos*, 'costumbre', y *logos*, 'razonamiento, estudio, ciencia') es la rama de la biología y de la psicología experimental que estudia el comportamiento de los animales en libertad o en condiciones de laboratorio, aunque son más conocidos por los estudios de campo. Los científicos dedicados a la etología se denominan *etólogos*. La etología corresponde al estudio de las características conductuales distintivas de un grupo determinado y cómo estas evolucionan para la supervivencia del mismo. La etología es la ciencia que tiene por objeto de estudio el comportamiento animal. Los seres humanos también forman parte del campo de estudio de la etología. Esta especialización se conoce con el nombre de *etología humana*.

Creemos que desde la posición biológica encontramos una de las mejores formas de hallar la respuesta acerca del porqué somos como somos.

Finalmente, descubrimos las neurociencias, que nos muestran cómo funciona el cerebro y la mente. Cómo el cerebro asimila, interpreta y reacciona a los estímulos, porqué al ser tan diferentes entre una cultura y otra somos tan parecidos neurológicamente.

Nuestra tarea es aplicar esta ciencia fascinante a las necesidades latentes del mercado. Nosotros no inventamos nada, solo integramos un método. Entre inventar e integrar existe una gran diferencia. El método fue creado bajo la habilidad y sensibilidad de reunir las diferentes técnicas, ciencias y modelos para poder interpretar el motivo subconsciente-inconsciente de la conexión producto-emoción: el misterio de por qué hay cosas a las que la gente se conecta o no.

No debemos caer en lo que dice la gente, pero no hace; debemos alejarnos de lo que la gente dice para interpretarla mejor, y así saber por qué y qué es lo que hace que se seduzca y se conecte con un estímulo, producto o servicio.

Nuestro método promete el poder interpretar los significados subconscientes e inconscientes del consumidor.

Esta técnica también acelera de una forma más efectiva la obtención de información y conocimiento.

Muchas veces los prejuicios hacen que esta persona llamada *consumidor* no acepte algo por miedo a que no cumpla con los requisitos y las necesidades lógicas conscientes, y también las ilógicas emocionales. Por eso el método obtiene de forma no invasiva el poder interpretar la mente humana, y ver cuál es el significado y el simbolismo creado a través de los años, que hace que se conecte o desconecte con una promesa de un producto o servicio.

GENTE CLAVE

La columna principal del modelo está fundamentada en el conocimiento neurocientífico del doctor Paul D. MacLean (1952). Él explica que el cerebro en realidad tiene tres cerebros, que están interrelacionados entre sí. (Cabe aclarar que, después de tantos años, este concepto está totalmente

33

desactualizado y hoy la neurociencia moderna nos explica con mayor claridad que existen muchas más zonas cerebrales. Sin embargo, el concepto es práctico y por consecuencia vigente para el caso).

Esta fue la primera luz neurocientífica en los años noventa que tuvo Mindcode para saber cómo funciona el cerebro en los procesos de toma de decisiones. Más adelante explicaremos cómo funciona la teoría del cerebro triuno.

También trajimos al método el conocimiento y los principios psicoanalíticos para estudiar el inconsciente. Hicimos nuestras las teorías de Sigmund Freud, muy polémico, así como de quien fuera su discípulo, Carl Gustav Jung. Freud y Jung coincidieron en muchos principios, pero finalmente terminaron peleados. En este negocio de los modelos y principios de interpretación de la mente humana, créanme, no es nada fácil salir ileso y sin detractores.

De Carl Jung recibimos el conocimiento y los modelos de interpretación del inconsciente colectivo de las masas. Aprendimos cómo poder llevar esta información a un arquetipo que puede ser interpretado como parte fundamental del proceso de conexión.

Es por esto que la última versión del método Mindcode termina en un entregable que está fundamentado en la teoría de los arquetipos de Jung.

El profesor Gerald Zaltman, de la Universidad de Harvard, nos enseña cómo procesa la mente humana y cómo reacciona ante las metáforas. La mente no piensa en palabras sino en metáforas, y en la medida en que nosotros podamos obtener información para luego crear una metáfora, el cerebro se estimulará positivamente ante el mensaje.

Y por qué no citar al sobrino astuto y ambicioso de Sigmund Freud, Edward Bernays. Publicista de origen austríaco cuya familia se fue a vivir a Nueva York. Pese a haber estudiado Agricultura, se consagró como publicista al utilizar el conocimiento de su tío, lo que le permitió conectar con las masas y hacer la transferencia de este conocimiento a un sistema simbólico. Bernays es el primer publicista de esa época. Estos personajes se llamaban *publirrelacionistas*; eran personas que no se podían identificar con la propaganda, que era mal vista socialmente.

Él sabía cómo modificar el pensamiento colectivo de las masas y generar necesidades. Algo muy útil en pleno fordismo, una época en la que se pasó de producir diez carros al mes a ¡cuatrocientos! Aunque la gente aún no sentía necesitarlos.

En los tiempos de Bernays, las mujeres no fumaban; era mal visto. Pero él logró hacer una revolución social en pocos minutos. Ocurrió durante un desfile del 4 de julio. Invitó a mujeres de la alta sociedad a desfilar y las incitó a que justo cuando estuvieran frente a la tribuna de prensa, sacaran de sus gabardinas sujetas a sus ligueros las cajetillas y luego encendieran un cigarro. En sincronía, cada una de ellas fumó el cigarro con mucha seguridad, para luego dejar la mano y el cigarro en la misma posición que la antorcha de la Estatua de la Libertad. Así mandaron un mensaje, una metáfora, un simbolismo muy fuerte de la liberación femenina. El cigarro se convirtió en pocos minutos en símbolo de libertad frente a lo que fuera una prohibición machista.

Esta fotografía se publicó en *The New York Times*, y después en cientos de periódicos. Esa es una situación que hace que el inconsciente colectivo y el significado del cigarro cambien fuertemente.

Posteriormente aprendimos de Konrad Lorenz el significado de las improntas, que son los primeros recuerdos que uno tiene en la vida. Las improntas generan todo el posicionamiento y nuestra conexión emocional con los productos y servicios por el resto de nuestra vida. De Jacobs y Saphiro aprendimos la integración del conocimiento de la psicología contemporánea del *priming*, el cómo transferir esta información, estos códigos, símbolos y mensajes en diferentes formas para que el cerebro se conecte.

Nuestro maestro de conducta biológica es Richard Dawkins. Él demostró que el ser humano y los animales somos muy similares en nuestra conducta. Que esta se sujeta más allá de lo racional. Gran parte de la conducta se debe a la esfera instintiva, la cual rige nuestra vida y hace que seamos lo que somos.

Sin embargo, debemos ser conscientes de que las culturas cambian la formulación de la conexión emocional, dependiendo de dónde naces, cuáles son tus mitos, tus historias, tus realidades y paradigmas. Todo ello puede hacer que algo signifique lo opuesto aquí que en China. Es allí donde el doctor Clotaire Rapaille, a través de su teoría del código cultural, nos dice que la cultura rige a las sociedades.

Fue donde entramos en el debate de si la biología, la conducta biológica, es más poderosa que la cultura, o viceversa. Llegamos a la conclusión de que la conexión está en la comprensión y la mezcla del comportamiento biológico con la cultura.

"La verdadera conexión está en la mezcla del comportamiento biológico + con la cultura".

37

Relato todo esto para que sean conscientes de que no se puede interpretar la conducta o el comportamiento humano con una sola ciencia, y para que no caigan en técnicas monótonas de especialidad, que arrojan resultados pobres y riesgosos.

Es curioso que un día la estadística, y luego las computadoras, reemplazaron estas nobles ciencias creyendo que eran capaces de predecir todo. Nuestro beneficio y neutralidad estuvo en que nosotros no éramos parte de las ciencias sociales o biológicas, ni de las estadísticas ni las matemáticas. Nuestro negocio era otro: la creencia de que sí se podía decodificar la conducta misteriosa de las personas y que estas trascendían de las matemáticas y la psicología.

EL MÉTODO NO HACE MILAGROS PERO SÍ AYUDA

Debo ser claro, el método no hace milagros pero sí interpreta profundamente los motivos más poderosos y relevantes dentro de las emociones de la persona. Y es por esto que después del proceso de investigación y la aplicación a la innovación o comunicación, la gente recibe el mensaje y activa sus emociones para así lograr conectarse con él.

CAPÍTULO DOS

Pruebas de la ceguera de los mercadólogos

Me cansé de adivinar, me sentía el más ciego de todos. Como mencioné antes, somos de los profesionales más ciegos, y los que más equivocaciones cometemos. De acuerdo con un estudio reciente en Estados Unidos, pertenecemos a uno de los sectores con más rotación: el promedio de permanencia en el puesto de mercadotecnia es solamente de 18 meses. El porcentaje de cambio de relaciones a corto plazo, y cambio en agencias de publicidad en América, es de menos de dos años y esto se da porque no hemos encontrado la forma de dar resultados y lograr el éxito que todos esperamos en proyectos en los que estamos involucrados pero poco comprometidos, con un resultado final que se transfiera en resultados económicos. "En un desayuno donde hay huevos y tocino, la gallina estuvo comprometida pero el cerdo estuvo involucrado". Somos un gremio ciego. En este capítulo les presentaré unos datos y algo de información acerca de por qué puedo asegurar que somos el sector con más profesionales CIEGOS.

"**Un estudio reciente que realizamos en los Estados Unidos demuestra que pertenecemos a uno de los sectores con más rotación: el promedio de permanencia en el puesto de mercadotecnia es solamente de 18 MESES".**

Un estudio de 2009, realizado por Mindcode, nos dice que de cada diez campañas publicitarias, solo cuatro cumplen las expectativas que buscan los clientes. De cada diez promociones, solamente cinco cumplen las metas, y de cada diez lanzamientos de producto que se realizan en los Estados Unidos, solamente dos cumplen el plan establecido. Como verán, somos más socios de los fracasos que de los resultados, y por eso es tan importante ser fríos y contundentes en entender nuestra situación, para poder abrir los ojos y dejar atrás la ceguera tan profunda que tenemos. Además, existe información y pruebas en varios estudios que demuestran el terrible resultado en el mundo de la innovación. The Dublin Group cita que 94% de los procesos de innovación fracasan a pesar de saber que el resultado, positivo o negativo de cualquier proceso de venta de productos y servicios no solamente es por la mercadotecnia, la publicidad y la comunicación, sino por las operaciones en la financiación y tantas cosas que influyen en el resultado final, también hemos visto que cuando los productos tienen una promesa y un *marketing* contundente, independientemente de que las otras estrategias sean mediocres, esos productos con grandes promesas llegan lejos y generan ventas a pesar de todo.

La innovación falla por varios motivos pero para mí el más contundente es la falta de comprensión del consumidor, lo que creo atemoriza a todos los empresarios que deciden invertir en innovación, llevándolos en muchas ocasiones a preferir no tomar el riesgo y no innovar. Sin embargo, al evadir dicho riesgo, se genera uno aún más alto, pues si no innovamos, no damos resultados. Una empresa que no es innovadora no es exitosa.

Ser innovador es la fórmula más cercana al éxito, la que más compromete al éxito. No debemos dejar de innovar; sin embargo, debemos entender que para hacer innovación debemos tener método, un conocimiento profundo, y saber trabajar con técnicas que hagan el proceso mucho más científico y arriesguen menos, no solo los recursos de la empresa, sino todo el tiempo que se invierte en esos procesos.

"La innovación falla 95% del tiempo".

—Larry Keeley

"De cada diez campañas publicitarias solo cuatro cumplen las expectativas que tienen los clientes".

—FSurvey Mindcode

No quisiera quitarle el mérito a los grupos de mercadeo, comerciales y de comunicación, de las marcas que voy a nombrar a continuación. Sin embargo, voy a contarles su historia. Si las empresas trasnacionales cometen estos errores, imagínense el riesgo que tienen las empresas medianas o pequeñas.

Este es un resumen de varios casos de estudio que hemos podido obtener, realizar y documentar.

CASO
KODAK

Durante muchos años, yo trabajé para la empresa y marca Kodak. Le dimos muchos éxitos, pero también bastantes fracasos.

La ceguera de la junta directiva y del equipo comercial y de mercadotecnia casi extermina a esta gran empresa. La compañía llegó a tener el monopolio total de venta de cámaras fotográficas, ya que eran líderes en el mundo entero. El imperio Kodak era dueño absoluto de todo lo que tenía que ver con memorias fotográficas.

"Decir Kodak **era decir** foto **y decir foto era decir** Kodak**".**

En un momento llegaron a un debate: si debían apostarle a la era digital o a la era análoga, o debían esperar a que la era análoga se muriera para que la era digital se activara. Esa ceguera e indecisión hizo que entraran sin fuerza a la era digital dos o tres años más tarde de lo que debían haberlo hecho; todo esto pasó por esa falta de sensibilidad con el consumidor, y por no saber lo que la gente estaba buscando. Ellos no tuvieron la capacidad de ver, lo que trajo como consecuencia que redujeran el porcentaje de ventas a una cifra mínima, dejándole un espacio enorme a muchas compañías que no eran tan fuertes y no estaban jugando dentro de la industria, y que hoy en día

45

son imperios de ventas de cámaras digitales fotográficas como Sony, Panasonic, Samsung, etcétera.

Kodak lleva bastantes años sin generar grandes innovaciones, y sin poder invertir en campañas publicitarias. A fines de la década de 1990 y a principios de la de 2000 los anuncios de Kodak eran provocativos. Hoy llevo muchos años sin ver uno.

Están reducidos a tratar de abrir los ojos y entender más al consumidor, logrando pequeños éxitos para rescatar pobremente su participación del mercado.

Después de tantos años, lograron entender una partecita del consumidor, y por eso han podido lograr algo de éxito con un nicho bien importante de mercado: la mujer. Se concentraron en sacar la cámara fácil, la cámara que la mujer quiere, esa cámara con pocos botones (puede sonar machista si es que no hay explicación). Gracias a esa observación e *insight* es que pudieron comenzar a recuperar participación de mercado. Kodak cuenta ahora con kioskos de impresión, y produce impresoras y comercializa papel especial. Además está incursionando en la telefonía celular, con un *smartphone*, el Ektra, inspirado en una de sus cámaras de 1941.

CASO MATTEL

Barbie es una muñeca de la marca Mattel, que acaba de cumplir 50 años de vida. Fue creada por una generación completamente distinta a la de hoy. Barbie se ha visto afectada por una muñeca que se llama Bratz, que fue codificada para una nueva generación, y que en muchas ocasiones molesta a la mamá por su estética agresiva con ojos pintados y labios grandotes. Sin embargo, esta muñeca no fue creada para las madres, sino para sus hijas, quienes realmente ven el mundo de una forma totalmente diferente. Esta historia es sarcástica y muy interesante, pues parece ser que fue un diseñador de Mattel el que hizo los primeros bocetos y conceptos de esa muñeca agresiva. El diseñador Carter Bryant encontró los *insights* de la nueva y revolucionaria muñeca, en un proceso de observación a la salida de los colegios norteamericanos. Bratz, con su cuerpo flaco y labios gruesos, se convirtió en un éxito.

Hoy Barbie no es muy *cool* en su Motor Home rosa junto a Ken.

Bratz seduce por transgresora y *cool*, tomando martinis con sus amigas sin tener a Ken.

Supongo que este diseñador, como muchos creativos que he conocido en la vida, dentro de los que me incluyo, era un frustrado por no lograr cambios e innovaciones obvias en los productos y en las empresas. Él luego vende el concepto de Bratz a Isaac Larian, gerente de MGA. El creativo logra vender al inversionista el concepto para crear esta muñeca, y termina siendo fabricada por esta empresa. En pocos años Bratz gana más del 30% de participación de mercado. Sin embargo, Mattel aún no veía este tipo de producto y lo negaba, y como no podía competir conceptualmente y Bratz seguía comiéndose la participación de mercado de Barbie, decidieron demandar a MGA (Bratz). Invirtieron más de 10 millones de dólares con los mejores abogados para que la muñeca regresara a casa.
Este es un claro ejemplo de que muchas veces tenemos

el concepto e innovación frente a nosotros y no lo vemos por la ceguera que tenemos, y solamente cuando se convierte en una realidad abrimos los ojos.

CASO McDONALD'S

Hace no muchos años la gente decía que ya no quería consumir sus hamburguesas porque engordaban y estaban llenas de grasas malas para el colesterol. Era una época en la que la gente decía que comer sano era lo más inteligente. Es entonces cuando McDonald's decide invertir mucho tiempo y recursos en cambiar sus productos y volverlos más sanos. Decidió extender su menú con información totalmente errónea del consumidor, quien no tenía la menor idea de lo que estaba sintiendo o por qué lo sentía.

En esos mismos años, la competencia, Burger King, creó una hamburguesa sumamente indulgente y agresiva en su contenido: llena de queso y tocino, con diferentes ingredientes que hacen que el cerebro se conecte con ese producto. Se trata de la hamburguesa Double Stacker, que fue tan aceptada que luego crearon la Triple y hasta la Quadruple Stacker, una de las hamburguesas más exitosas del menú de Burger King.

Lo curioso de esto es que ellos empiezan a crear estas hamburguesas mucho más grandes, más indulgentes y engordantes, en esos tiempos en los que aparentemente los consumidores querían comida más saludable. Fue así como Burger King logró que el mercado se empezara a fijar mucho en ellos. La gente puede desear comer sano pero todo indica que esos son productos de nicho. Para entender lo incongruente que es el discurso del consumidor, les cuento un caso de éxito creado por un emprendedor que se cansó de este discurso mentiroso (que la gente quiere comer sano), y decidió ayudarlos a comer lo que querían, dándoles productos dañinos a través de su indulgente menú del restaurante Heart Attack Grill (La parrilla del ataque al corazón). www.heartattackgrill.com

La gente dice que quiere comer sano pero su mente inconsciente va por comida indulgentemente dañina, quieren comer cosas agresivas y nocivas para su salud. Este emprendedor empieza a vender cigarrillos sin filtro, bebidas energéticas, y unas hamburguesas gigantes que se llaman Bypass Burger. Hasta crea una hamburguesa con cuatro pedazos de carne llamada Quadruple Bypass que, si el cliente decide comérsela, unas meseras disfrazadas de enfermeras lo llevan en una silla de ruedas a su carro para otorgarle a esta persona un reconocimiento por comer lo que se le antoja sin importarle su salud.

Es sorprendente, pero las personas necesitan alimentos que los satisfagan más allá del concepto de una buena nutrición. Es ahí donde se debe tener cuidado en hacer lo que la gente pide, porque todos dicen que deben y quieren comer sano, pero al final del día los productos funcionales o nutricionales tienen una pequeña participación dentro de los portafolios. La ceguera no permitió que McDonald's entendiera la necesidad subconsciente de la gente.

CASO
MOTOROLA

Hace ya unos años, la gran mayoría de los ejecutivos de la compañía tenían un aparato hermoso, y muy querido por todos, llamado Motorola. Esta fue una empresa con gran tecnología, gran desarrollo e innovación pero con poco sentido antropológico que le permitiera ver lo que el consumidor estaba realmente buscando y que le permitiera darse cuenta de que a veces en la sencillez tecnológica está el resultado, y no en toda esa cantidad de funciones y grandes aparatos o desarrollos tecnológicos. Fracasaron y la empresa tuvo que ponerse en venta.

Motorola, que fue una de las empresas más innovadoras en telefonía celular, perdió la batalla contra un aparato llamado BlackBerry, que luego fue desplazado por el iPhone. Estos dos aparatos conquistaron muchísimos mercados, principalmente por el éxito coincidencial del BlackBerry Messenger Chat.

El poder real del fenómeno BlackBerry residió en acceder rápidamente a proveedores, amigos, familia, etcétera, a través de un chat sumamente contagioso, instructivo y efectivo.

Sin embargo, no me queda claro si esa estrategia fue pensada desde el inicio, o fue una consecuencia casual de una tendencia. El hecho es que primero BlackBerry, y hoy en día iPhone, han detentado el liderazgo en el mercado entre hombres de negocios en docenas de países. Eso fue lo que logró que destronaran a Nokia y Motorola.

CASO KMART

Las tiendas de autoservicios Walmart y Kmart nacieron casi en el mismo año. En los años noventa vendían cosas similares, pero a través del tiempo se marcaron las diferencias. Kmart ha hecho mucho, pero ha tenido poco éxito. Algo similar ocurrió con Sears, líder en el negocio departamental en el mundo y que hoy está reducido a nada.

CASO
AMERICAN AIRLINES

Este gigante optó por desaparecer las cobijas, las almohadas, las bebidas alcohólicas, la comida y los pasabocas, para reducir costos. De seguir así, ¡hubiesen desaparecido también al piloto! El enfoque de bajar costos constantemente y no estar preocupado por conocer al consumidor y entender las necesidades reales ocultas del mismo provoca ceguera y hace que la marca se desconecte.

En cambio, Jet Blue decidió poner televisores en todas sus sillas, con el fin de que la gente estuviera feliz viendo televisión gratis en sus vuelos. Conociendo la importancia del televisor para la cultura norteamericana, hicieron una buena observación y tomaron una gran decisión. Jet Blue, además, tiene "servicio ilimitado gratis de *snacks* y refrescos", mientras que Continental retiró los *snacks* y las bebidas gratis. La estrategia es sumamente exitosa, pues conquista la emocionalidad y posiciona el amor de la marca ante el consumidor.

Por otro lado, Southwest Airlines, en su estrategia por conquistar el mercado y dar más y mejor calidad, decidió poner sillas de cuero a su flota. Es sumamente costoso, pero ofrece más comodidad.
Jet Blue y Southwest se convirtieron en las aerolíneas

favoritas, y en unas de las más exitosas en Estados Unidos. A pesar de estar en la categoría Low Cost Airlines (aerolíneas de bajo costo), estas empresas son las que dan más al consumidor, además de ofrecer buenos precios.

Hoy debemos repensar las cosas y entender qué hace que la gente se conecte con nuestros productos, servicios y marcas, y qué no lo hace, para después llevar a cabo la estrategia financiera y de reducción de costos acorde a estas emociones y riesgos.

CASO SONY

Samsung logró poner en jaque a Sony, al grado de llegar a vender más televisores, pues se conectó profundamente con el consumidor. Sony lleva años sin seducirnos como lo hacía en el pasado. Hubo una época gloriosa en la que nos seducían sus minicomponentes, televisores, radios, *walkmans* y cámaras de video. Nos permitía escuchar música aunque estuviéramos caminando, o ver un partido de futbol con los mejores colores, y sin robar tanto espacio en una habitación.

Apple desapareció virtualmente al glorioso *walkman*. Apple sedujo el subconsciente de la gente al ponerle este aparato en su propio brazo. Además, a mucha distancia se detectaban los audífonos blancos sobre la ropa. Creo que el iPod vendió la idea de "soy muy *cool*", es decir, un estilo de vida, además de un diseño muy lindo.

CASO
POWERADE

Coca-Cola Company es una empresa que posee cientos de marcas, aunque muchas de ellas no son líderes, o ya no están en el mercado.

¿Cuántas marcas son tan nobles, efectivas y seductoras como Coca-Cola? Pero también, ¿cuántas de ellas son exitosas por estar al lado de Coca-Cola, o por distribuirse sobre el camión de Coca-Cola?

Powerade nació esclavizada por el líder Gatorade por el *ade* al final de su nombre. Después de casi siete años, la empresa se dio cuenta de esto, y ahora aparece la palabra *Power* muy grande y el *ade* pequeño. Esta marca nació sin sensibilidad al consumidor, y eso es lo que la ha hecho mediocre en tantos países.

Otro ejemplo es la marca Full Throttle, que fue creada para competir contra Red Bull, y nunca logró ser aceptada por el consumidor. Terminó retirándose en muchos países por su rotundo fracaso.

El refresco Blak, un desarrollo de cola con café que fue creado para parar a Starbucks, duró muy poco. Igual que Coke o New Coke.

La marca Fanta ya no es tan querida y cercana a los niños como lo era en los años setenta y ochenta.

CASO
TROPICANA

Tropicana, de Pepsico, decidió cambiar su empaque. A través de *focus grup* preguntaron a cientos de personas si realmente les gustaba el nuevo empaque y si estarían dispuestos a comprarlo. El resultado fue positivo. Pero, ¡oh, sorpresa!, con el nuevo empaque Tropicana bajó aproximadamente un 14% sus ventas en los primeros meses.

Seguramente la gente decía que sí lo iba a comprar, pero en el subconsciente había otra respuesta muy distinta.

Pepsi se ha equivocado mucho por no entender cómo funciona la mente del consumidor. Creó el famoso reto Pepsi, en el cual se gastó un par de billones de dólares. Su intención era mostrarle al mundo que Pepsi era más rica que Coca-Cola. Pensaban que eso aumentaría las ventas. Pero la compañía no logró los resultados que esperaban.

Pienso que si esa inversión la hubiesen enfocado en entender por qué Coca-Cola conecta con el consumidor mucho más allá del sabor o el producto, por qué trasciende el sabor, podrían haber logrado mucho más éxito.

CASO MARLBORO

Otro caso sorprendente de ceguera es la manera en que Marlboro entró al mercado asiático. Lo hizo con una estrategia similar a la que utilizaron en Estados Unidos, fundamentada en los vaqueros y sus caballos blancos. En China los consumidores no se conectaron. Falló, pues, la capacidad de visualizar los significados de esos símbolos dentro de esa cultura. Si lo hubieran sabido, seguramente no lo habrían hecho.

CASO
MTV

En los años noventa, MTV era uno de los mejores amigos de los jóvenes. Dominaba y reproducía correctamente los sentimientos y necesidades antropológicas de los adolescentes de esa época.

Hoy MTV es una marca tibia. Por falta de visión perdieron la oportunidad de ser el MySpace del año 2000, además del iTunes y el Napster. MTV no captó la demanda, y hoy es una marca mediocre. ¿Cómo no fueron ellos el YouTube de la música? ¡Oh, qué ceguera!

BROWSERS
DE INTERNET

En sus inicios, Yahoo competía fuertemente con Google, pero hoy está fuera de carrera. La sensibilidad de Google es la de ser el *browser* más básico, práctico y sencillo.

El Microsoft Messenger chat fue una de las herramientas más usadas, un medio valioso para hablar con nuestros amigos, proveedores y clientes. Hoy el MSN Messenger ha desaparecido. Microsoft decidió comprar Skype, y ojalá no lo mate por culpa de su ceguera.

Cuántas marcas, por ser ciegas, salen corriendo del negocio *retail* al ver que las condiciones actuales del mercado las hacen poco competitivas, por ejemplo Music Warehouse, Tower Records, Mervins y Montgomery Ward, han sido afectadas por esto. Creo que se quedaron en la forma cómoda, por qué no abrir los ojos y transformarse como RadioShack que ha cambiado a través del tiempo y se ha mantenido atractivo y relevante para los consumidores. Qué fácil es salir corriendo y qué difícil ha sido para tantas marcas abrir los ojos e innovar efectivamente.

Yo recuerdo a ese amigo mío que era dueño de una cadena de cines. Cuando vio por primera vez la videocasetera, se desmotivó tanto que empezó a vender su cadena de cines como un negocio inmobiliario. Y pensar que veinte años después es la industria creciente en todo el mundo. Su ceguera estuvo fundamentada en creer que la gente no iba a salir de su casa al comprar una videocasetera, y ocurrió todo lo contrario. El motivo por el que la gente va al cine, y paga el triple de lo que pagaría por rentar, es porque quiere salir con amigos y ver gente fuera de su apartamento de 80 metros cuadrados que lo tiene sofocado.

CASO
SEE'S CANDIES

Qué caro sale ser ciegos. Abre los ojos porque si no, serás el verdugo de tu propio negocio.

La empresa See's Candies, los chocolates deliciosos con los que fuimos criados en California, una empresa fundamentada en lo casero y en la máxima calidad, sufrió de gran ceguera. Se convirtió en una empresa poco innovadora y sensible a los cambios de mercados.
Hoy en día la mayoría de las cajas de chocolates son para regalar, pero ellos nunca cambiaron ni desarrollaron nuevos empaques. Además abandonaron al 100% la experiencia del punto de venta y la extensión de las líneas.

Este comportamiento hizo que quedara un espacio abierto en el mercado, y es allí donde la empresa Godiva, con gran visión, logró seducir a través de sus empaques y colores. Creó un empaque con forma de joyero, con chocolates dentro de cada uno de sus cajones. También desarrolló extensiones de línea donde venden una fresa cubierta de chocolate Godiva, una galleta Oreo con chocolate Godiva, helados, etcétera. La innovación de su punto de venta ha sido constante y los almacenes cada vez parecen más una joyería.

Godiva crece y crece por su visión, pero también por la ceguera de See's Candies.

Veamos el caso de Mitsubishi, que ha hecho todo menos marca y dinero.

Ellos tienen carros, elevadores, electrónica, barcos, etcétera. Son una empresa sorprendente que no logra una conexión con sus clientes. Para dar un ejemplo, miremos el fracaso de sus carros que nunca conectaron emocionalmente con el mercado norteamericano y el fracaso de sus inodoros.

Es una marca que está en todas partes pero no en el corazón de la gente.

CASO GAP

GAP dejó un espacio enorme para que lleguen marcas como Abercrombie & Fitch, Hollister, American Eagle y Aeropostale, todas con un éxito espectacular. Hoy representan lo que algún día significó GAP para nosotros. Estas marcas se conectan profundamente con las necesidades antropológicas subconscientes del consumidor norteamericano y de otros países.

Una marca como GAP, que fue tan contundente en los años ochenta y noventa, que proponía un estilo de vestir casual relajado, cayó en la ceguera y perdió la conexión emocional.

Igual suerte corrió Levi´s.

MUSIC WAREHOUSE Y TOWER RECORDS

Music Warehouse y Tower Records eran los dueños del mercado de música. Cuando llegó la era digital debieron innovar y evolucionar a la nueva forma de comprar música.

CASO REDES SOCIALES

MySpace nos tenía fidelizados. Ellos nos enseñaron a jugar al social *marketing*, además de administrar nuestras fotos, música e información.

Luego llegó Facebook con una propuesta más antropológica, mucho más de conquista social y de repente nos alejó de MySpace.

¿Qué pasó con MySpace?

**Alguien que no tiene
los ojos bien abiertos
jamás
evolucionará
a la misma velocidad
que el consumidor.**

CASO IBM

ThinkPad de IBM fue una de las computadoras portátiles más vendidas en el mundo.

Cuando existían como IBM ThinkPad, ellos no se dieron cuenta de que el logotipo de la portada de la computadora estaba al revés y que al abrir la computadora quedaba sin intención. Ellos pensaban que el logotipo debía apuntarle al consumidor, ya que había otro logotipo en el teclado. La compañía nunca entendió que el logotipo no debía apuntar al operador, sino a quien estaba enfrente para generar esa intimidación y ese mensaje de quién eres y en qué crees.

Mientras ellos seguían con el logotipo al revés, Apple invertía miles de dólares en tener una manzana en la posición correcta, además de tenerla encendida con una luz para dejar claro su valor.

Tener una Apple te hace sentir orgulloso. Es curioso, pero muchas veces esa necesidad de bajar costos y no entender que hay que invertir en simbolismos y detalles tecnológicamente innecesarios hacen que la gente pierda el interés emocional.

CAPÍTULO TRES

Pero...
¿por qué
estamos
ciegos?

"Vivimos en una era digital, una era social, en la que lo colectivo prima sobre lo individual. Es por esto que estudiar lo colectivo es entender al individuo".

Los ejecutivos que mercadean grandes marcas y negocios cuentan con amplia preparación, son suficientemente intuitivos y llenos de talento. Entonces, ¿por qué se equivocan tanto y son tan ciegos ante las necesidades del consumidor?

A través de algunos estudios y análisis que he realizado, y a través de mi práctica en los últimos años, me he dado cuenta de que la gente tiene mucha capacidad de aprender métodos, de aprender diferentes técnicas, y de absorber información y conocimiento a mucha velocidad. Sin embargo, no saben ni pueden desaprender.

APRENDER ES MUY FÁCIL, DESAPRENDER ES MUY DIFÍCIL

Lo que también he visto en la gran mayoría de los mercadólogos es que, cuanto más preparados y formados están, más llenos están también de paradigmas, tabúes y estructuras de pensamiento rígidas, que muchas veces los llevan al fracaso.

"La dificultad se basa no en las ideas nuevas, sino en escaparse de las viejas ideas".
—Guy Kawasaki

Después de los 30 o 40 años, aprender sigue siendo fácil, pero desaprender sí nos cuesta muchísimo. Nos cuesta mucho hacer las cosas de forma diferente, independientemente de que nos sirvan o no.

Para que este método funcione, debes ser capaz de desaprender lo que has aprendido en el pasado, y hacer y ver las cosas de una forma totalmente diferente y con una perspectiva distinta, pues de otra manera no funcionará.

Todos los mercadólogos llevamos años aprendiendo de éxitos y fracasos, cada día que pasa tenemos criterios más completos del consumidor. Pero de un momento a otro perdemos el sentido y la sensibilidad por ellos. No somos conscientes de que ese consumidor es tan cambiante y evoluciona tan constantemente, que muchas veces responde y conecta diferente con esas percepciones y conexiones hacia los productos y servicios. Aun así descansamos en esa hamaca de conocimiento y de placer donde damos todo por sentado.
El tiempo pasa y es normal que los productos y los

servicios que eran solicitados antes por el consumidor ya no tengan tanta demanda. Entonces, volvemos a estudiar e investigar. Pero como ya tenemos una idea hecha, preestablecida, de cómo pensaba ese consumidor, entonces, se nos hace difícil asimilar la nueva información. La clave está en desaprender lo vivido y sentido para restablecer el proceso de estudio del consumidor, y hacerlo simultáneamente con nuestra estrategia de innovación o conexión emocional.

El mercadeo ha avanzado a pasos veloces en los últimos años. Sin embargo, la academia sigue enseñando lo que ya no es vigente.

Es duro aceptarlo, pero la academia confunde a sus alumnos, y bastante. Esto pasa hasta en las mejores escuelas, desde las universidades norteamericanas y europeas, hasta las más pequeñas.

Aun las universidades más prestigiosas como Kellogg, Harvard, UCLA o Columbia están un par de años retrasadas. Es por esto que muchas veces un universitario puede aprender más en un semestre trabajando para una *top marketing company*, que en un par de años de universidad. O por qué no aceptar que en el mismo YouTube uno puede aprender de temas que ni siquiera están en los programas académicos de las universidades.

"La gente no sabe lo que quiere, hasta que se lo muestras".

—Steve Jobs

JÜRGEN KLARIC

Esta lentitud y falta de innovación en los programas educativos se da mayoritariamente por cuestiones burocráticas, y lentitud de los ministerios o secretarías de educación. También se da porque aún no existe un plan académico que pueda correr a la misma velocidad que el vertiginoso mundo del *marketing*. De ahí que muchas veces lo que enseñan en las escuelas es exactamente lo contrario a lo que hacemos en la vida real.

Si existe una carrera compleja, exigente y estresante dentro de los grandes corporativos, definitivamente es la carrera de un mercadólogo, quien no solo tiene una profesión muy compleja, sino un estilo de vida muy peculiar. Su estilo de vida tiene que ser congruente con esa imagen de gurú, sabio, intuitivo y de persona agresiva que debe transformar los productos y además debe saber de todo para llegar a un público enorme.

Regularmente los mercadólogos son personas con alta capacidad de comunicación, tercos y llenos de formas propias. Un mercadólogo que no cree una idea, que no pelee por su idea y que no imponga su idea a las buenas o a las malas no es un mercadólogo exitoso.

Entre más innovadora sea la idea, más proactivo debe ser en convencer a todos para que la sigan. Es arduo el reto de motivar a los integrantes del equipo interno y externo para ejecutar una idea.

El mercadólogo de hoy tiene un estereotipo complejo, sofisticado; tiene una mente muy veloz pero al mismo tiempo una emocionalidad complicada, y es por esto que cambia los planes constantemente y en ocasiones se enreda en él mismo. Es bueno por intuitivo pero también por agresivo; es un producto de todas esas grandes exigencias y del yugo de su puesto.

El nivel de estrés que maneja es de lo más absurdo y complejo: bien sabe que está en una posición que pronto lo puede hacer presidente, pero también sabe que puede estar desempleado al siguiente corte trimestral.

Hoy la rotación de este puesto es de las más altas. El promedio de supervivencia en una empresa es de solo 18 meses. Además, a los mercadólogos nos miden por resultados, por los éxitos. Es muy visible por los mandos laterales y superiores, además es un gestor y responsable importante de las grandes inversiones. Si algo le sobra, son responsabilidades.

A ello se le suma la difícil relación con el área comercial, una posición que siempre compite con él. Cuando algo falla, empieza la disputa por encontrar un culpable. Esta es una relación muy compleja, que desgasta tremendamente.

A todo lo anterior hay que añadir la complejidad del reporte trimestral. En el caso del área de mercadeo, se refiere a hacer *marketing* solo con estrategias de corto plazo, como exigen en muchas ocasiones los cortes trimestrales.

Es probable que un mercadólogo pueda cumplir sus metas trimestrales, pero construir amor por la marca y fidelizar a través de estrategias trimestrales no es nada fácil.

Esto ha afectado tremendamente la construcción de las grandes marcas. Cuando se habla de construcción de marcas, se habla de tres años, no de tres meses. Empresas como Hewlett Packard, que trabajan con base en los angustiantes Q1, Q2, etcétera, afectan a la marca por tener y usar solo estrategias de corto plazo.

La velocidad la exigen los empresarios, los mercados cambiantes, la exigente competencia. Correr, correr y correr y apagar incendios ha sido el día a día de los mercadólogos. De ser estrategas y creativos, se han convertido en operadores administrativos.

Esto también le ocurre al publicista y al comunicador. Y obviamente que afecta de manera negativa la conexión con el consumidor.

¿Cómo usar la visión de largo plazo si todos los resultados exigen corto plazo?

Casi siempre, los miedos, políticas internas e intereses personales están por encima del *insight* **descubierto.**

Además de todo esto entran en juego los intereses particulares, más que los colectivos.
Me ha pasado descubrir un gran *insight* que contrapone los intereses del vicepresidente de mercadeo o del presidente de la empresa, y por tal razón estos documentos o planes estratégicos terminan guardados

en un fólder. ¿Por qué? Porque delatan que la estrategia que ellos propusieron no estaba fundamentada en el consumidor sino en su visión personal, autónoma y muchas veces en intereses que se van desenvolviendo en todas las grandes empresas.

Seguramente hoy usamos los medios sociales, y solo unos algo de *neuromarketing*, pero la forma como mercadeamos es la misma que hace diez años. El sector sigue usando *focus group*, estudios de *top of mind*, sigue invirtiendo en medios tradicionales más que en medios nuevos, sigue comunicando más que otra cosa las funciones y los beneficios del producto, y sigue pensando que el precio es la estrategia #1, a pesar de que no existe una marca líder en el mundo cuya estrategia haya sido el precio barato. ¡Ni el mismo Walmart fundamenta su éxito en el precio más barato! Que lo diga y lo posicione es muy distinto.

¿Por qué NO cambiar,
si sabemos que SÍ debemos cambiar?

Las investigaciones del Dr. John P. Kotter, de la Harvard Business School, nos han permitido entender qué hace que la gente no cambie.

Gracias a sus estudios sabemos lo difícil que es para la gente salir de su zona de confort. De ahí la importancia de inyectarle cierta sensación de urgencia, necesaria para estimular el proceso de cambio.

Resistencia al cambio

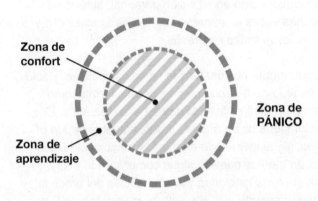

Fuente: Adaptado de Tom Senninger, *Abenteuer leiten - in Abenteuern lernen: Methodenset zur Planung und Leitung kooperativer Lerngemeinschaften...* [Aprender por medio de aventuras: conjunto de métodos para la planeación y la dirección de grupos de aprendizaje cooperativos...], Ökotopia Verlag, 2000.

Es decir, cuestionarse y cambiar la forma en que resolvemos y hacemos las cosas es bastante desgastante, por lo que si no hay una crisis que nos estimule, difícilmente se opta por el cambio.

"Resistirse al cambio es la norma, no la excepción".

—Guy Kawasaki

El cerebro instintivo, el mismo responsable de la labor biológica de preservar la especie, nos dice y nos modera inconscientemente para que guardemos energía, ya que sabe que si se termina esta energía, el cuerpo puede colapsar y podemos fallecer.

Por eso es que muchas veces, cuando queremos tomar una decisión clave, le andamos preguntando a todo el mundo qué hacer, porque la misma respuesta o proceso de pensamiento nos está robando demasiada energía. Este fenómeno de ahorro de energía hace que el cerebro se proteja. Y por eso, cada vez que tomamos una decisión trascendental, el cerebro se bloquea.

Por ese motivo, cuando nos salimos de nuestra zona de confort y entramos a nuestra zona de aprendizaje, nos sentimos incómodos, molestos. Y el caer en la zona de pánico nos hace regresar inmediatamente al modelo conocido, al modelo mediocre.

Aun sabiendo que nuestra estrategia actual no está dando los resultados esperados y no es efectiva, no hacemos mucho al respecto. Son pocos los que logran transformar empresas, hacer las cosas diferentes y tomar riesgos.

Generar cambios serios requiere mucha energía. Por eso te invito a que eduques y retes a tu mente a salirse de la zona de confort para lograr innovaciones que generen beneficios.

¡¡¡Sin pasión no existe innovación!!!

Negarnos a la nueva idea y al concepto innovador es común.

Dentro de la cultura empresarial típica, se ve todos los días que los miedos y la comodidad hacen que toda gran idea irrefutablemente pase por tres estados:

69

#1 ES RECHAZADA
(Primera etapa de la gran idea)

La conducta humana no se siente cómoda con lo desconocido, porque nos saca de nuestras estructuras familiares comunes. Por eso se genera un cuestionamiento excesivo y rechazo inmediato.

"Para volar se necesita encontrar resistencia".

—Maya Lin

Esto es algo que me pasa muy seguido cuando presento una innovación muy radical o nueva. El presidente o los líderes de innovación me preguntan: Jürgen, si eso es cierto, ¿por qué nunca nadie lo ha hecho?

En ese momento me invade la frustración y siento que no entendí por qué me contrataron. De eso se trata la innovación, de ver cosas que otros no ven y de hacer cosas que otros no se animan a hacer, para ganar los corazones de los consumidores rápidamente y transformar eso en ventas. Seguramente muchos de ellos preferirían ideas no tan revolucionarias, ideas más mediocres, pero más vistas, conocidas y que hayan sido usadas por la competencia.

Cuanto más rígido y conservador seas, cuanto más te interese cuidar el puesto y no los incrementos de ventas, rechazarás las grandes ideas que te presentan tu equipo y aliados. Por esa razón los archiveros y las carpetas de los libreros están llenos de las mejores ideas.

"Si no lo conozco, no lo entiendo; si no lo entiendo, tengo miedo y lo rechazo; si lo rechazo, regreso a mi centro de control y comodidad".

#2 ES PARCIALMENTE ACEPTADA
(Segunda etapa de la gran idea)

Las ideas agresivas quedan en documentos, en libreros y en la mente de los ejecutivos, y el tiempo va pasando, estos ejecutivos empiezan a culparse por todo lo que pagaron y descubrieron pero no implementaron. Entonces de forma subconsciente buscan, analizan, contrapuntean la innovación o idea contra todo lo que está pasando o están viendo, y si la idea fue buena, empieza a ser aceptada parcialmente a través del tiempo.

Regularmente yo dirijo más de 100 casos o procesos de innovación al año. De estos, solo el 25% es implementado de forma inmediata, el otro 25% pasa por el calvario político, ideológico y presupuestal y es implementado después del sexto mes, el otro 25% se implementa después de 18 meses, y el último 25% jamás se implementa por los temores, condiciones de la empresa, cambios de planes e inseguridades de sus líderes; así tristemente se convierte la inversión en algo no rentable.

#3 ES ASIMILADA Y ACEPTADA COMO UNA GRAN IDEA
(Tercera etapa de la gran idea)

En esta etapa y después de magnos cuestionamientos, la idea o innovación recibe la bendición y es implementada, muchas veces de forma retrasada y a destiempo. Es por esto que siempre digo: éxito es para mí la capacidad de alejarse de los cientos de miedos que tenemos todos.

Yo mido el éxito de la gente de la siguiente forma: en la capacidad que tienen **de desaparecer** la mayor cantidad de **miedos** posibles.

Por eso es tan desgastante en este negocio encontrar e implementar un gran *insight*. Lograr la transformación del producto, la cultura y el servicio de la empresa es un reto que logran pocos.

Lo que puede hacer que un producto detone y conquiste cientos de mercados puede estar en una carpeta tuya.

Como siempre digo, los innovadores deben tener una dosis muy fuerte de terquedad y pasión. Porque sabemos que toda innovación viene con un gran riesgo de ser rechazada por los equipos ejecutadores.

Te invito a que no tengas miedo de ese gran *insight* innovación, no te cierres a ver las cosas de manera distinta, empodérate para construir, abre los ojos para ver las cosas diferentes, porque si no lo haces, te estarás arriesgando aún más.

Se requiere valor para NO creer que, porque no lo ha hecho nadie en el mundo, la innovación no funcionará.

"Son pocos los mercadólogos y empresarios que cuando reciben un *insight*, totalmente distinto a lo que están acostumbrados, se deciden a implementarlo inmediatamente".

Te invito a que abras los ojos, dejes esa ceguera y seas parte del 25% de la élite innovadora.

EL PELIGROSO
GLOBAL BRANDING

En la década de 1990, con las caídas de los gobiernos comunistas, nos empezamos a interesar en países como China y la India como mercados para nuestros productos y servicios. Nacía un nuevo reto: cómo llegar hasta allá sin aumentar ni duplicar los gastos administrativos y de *marketing*. Es allí donde los fríos y rígidos financieros crearon el modelo del *global branding*, una estrategia con un único fin: bajar costos aun a costa de no conectar con estos mercados.

El famoso *global branding* ¿qué tan efectivo o fracasado ha sido? Si lo vemos como estrategia

73

financiera, ha sido una estrategia efectiva en algunas situaciones. Pero ¿cuántas veces hemos visto que utilizar el mismo comercial de TV en Alemania y en Venezuela, países con preceptos culturales totalmente diferentes, no funciona? Simplemente las compañías lo adaptan y lo lanzan sin tener éxito y enfrentando pérdidas millonarias.

"El *global branding* fue creado en busca de ahorros, pero ha ocasionado millones de pérdidas".

Parece que muchos ejecutivos prefieren hacerse los ciegos ante la situación, porque sienten que cumplieron el dictamen del *global branding*, fundamentado en el código del ahorro y no en el código cultural.

El *global branding* es una camisa de fuerza a la hora de conquistar países tan interesantes para una empresa. La miopía de nosotros los norteamericanos ha hecho que cientos de marcas nos hayan tomado ventaja.

Hace no muchos años, las empresas tuvieron que darse cuenta de lo que he venido hablando, la crisis de 2008 desató la necesidad inmediata de salir a buscar mercados lejanos y emergentes para poder sobrevivir; en muchos casos fue tarde pero el que ha podido entender las culturas lejanas ha logrado éxito.

Sin embargo, todos los días se pelea contra el *global branding* en esos países en donde no se crearon campañas acordes a la cultura del lugar. El *global branding* busca ese ahorro y no esa profundización en la cultura.

¿Por qué no aceptar y decir que los mercadólogos y los empresarios están lejos de los hallazgos científicos que se han dado en los últimos dos años en la neurociencia? En realidad en los últimos diez años se ha generado más conocimiento de cómo opera la mente humana, y cómo se fundamenta el comportamiento humano, que en los últimos 35 o 40 años, tiempo en el que se ha descubierto y se ha probado docenas de veces que más del 85% de la decisión de todo lo que haces en tu vida, la compra de un producto o un servicio, dónde vas a vivir, o qué sientes por una persona, proviene del subconsciente.

"85% del proceso de decisión es subconsciente".

Estos hallazgos se han logrado obtener gracias al estudio de la mente y el funcionamiento del cerebro de los consumidores al ser intervenidos con aparatos de resonancia magnética y electroencefalogramas, aparatos que permiten observar y comprobar que, cada vez que un ser humano toma una decisión, el cerebro subconsciente o inconsciente no racional se activa y trabaja más que la parte racional. El 85% del total de las zonas cerebrales que se activan son irracionales, y solamente le queda el 15% a las zonas relacionadas con las decisiones racionales.

Muchas veces cuando menciono esto los empresarios me dicen: "Eso debe ser en productos más emocionales como la música, la comida, o la moda; dudo que esto se aplique de la misma forma para vender un tractor, un barco o una computadora".

Hemos realizado cientos de estudios en los que hemos podido comprobar que esto aplica con cualquier categoría, mientras que el que tome la decisión sea un ser humano.

No importa qué vendas, sea un producto o servicio, definitivamente todo proceso de decisión es más subconsciente-inconsciente. Sin embargo, existe un motivo equívoco para creer que es más consciente que subconsciente. Lo veremos un poco más adelante.

Finalmente, la última explicación de por qué la gente está ciega, por qué no quiere cambiar y por qué sigue navegando en estrategias malas, es el bloqueo o rechazo que generan los grandes ejecutivos cuando no entienden, o no tienen la intención de entender una nueva técnica. Sus miedos los bloquean.

"Los nuevos analfabetos no son los que no saben leer ni escribir, sino los que no pueden asimilar los cambios vertiginosos sociales, tecnológicos y de formas de hacer y vivir".

Así como los doctores estudian y se actualizan, los mercadólogos deberían hacer lo mismo, ya que he visto que muchos de ellos no vuelven a estudiar ni a leer después de graduarse. Hoy nuestra carrera es más cambiante de lo que se puedan imaginar, y esto requiere actualización responsable.

> **"Las asociaciones de *marketing* deberían exigir, así como se le exige a los médicos, recertificaciones para filtrar a todos aquellos mercadólogos irresponsables que no saben mercadear y son un**
>
> # peligro para la subsistencia
>
> **de la empresa y el futuro de miles de familias".**

En conclusión, lo que realmente genera la ceguera de todos estos presidentes, mercadólogos, publicistas y comunicadores, es:

1. No pueden desaprender.

2. Todo gira y cambia más rápido que ellos.

3. No pueden interpretar al consumidor.

4. No quieren salirse de las formas conocidas, ni quieren perder demasiada energía. No se animan a arriesgarse.

5. Sus intereses particulares priman sobre los de la marca.

6. Quieren aplicar lo que aprendieron en la universidad, cuando gran parte de ese conocimiento ya no aplica.

7. Siguen usando métodos o técnicas muy rudimentarios.

CAPÍTULO CUATRO

Jamás habíamos tenido un consumidor más inteligente y complejo que el consumidor de hoy

4

El consumidor de hoy se encuentra hiperinformado;
debe correr a tanta velocidad como la información
lo persigue; sabe hasta diez veces más de lo que
sabía diez años atrás; tiene la posibilidad de consultar
instantáneamente la opinión de sus amigos y vecinos;
tiene acceso a toneladas de información por internet;
está constantemente bombardeado por diferentes
medios y es un receptor de mucha información sobre la
que él tiene el poder de elegir, dentro de sus procesos de
compra más importantes.

El exceso de oferta de todo tipo de producto o servicio
se diversifica cada vez más. Hoy la oferta es cientos
de veces más amplia que antes; hoy puedes comprar
un reloj del otro lado del mundo y te puede llegar en
24 horas; hoy puedes tomar decisiones de una manera
totalmente distinta a como las tomabas en el pasado,
ya que actualmente se tiene acceso a diferentes
mercados, canales y productos. Existen 12 veces más

marcas en todas las categorías. Antes, nuestro padres, cuando decidían comprar una sopa en lata dentro de un supermercado, tenían máximo una o dos marcas como opción. Hoy en día puedes encontrar entre cuatro y seis marcas del mismo tipo de sopa, y a esto se suma que no solo hay más marcas por categoría, sino más canales que te las venden: puedes comprar por internet, en el supermercado, te pueden llevar el pedido a tu casa, etcétera, puedes escoger entre un producto nuevo, usado o refaccionado, lo que hace aún más complejo el proceso de decisión.

Es muy común que los vehículos de información como los *blogs* generen una percepción y persuasión del consumidor hacia lo que él está pensando y queriendo comprar. En el pasado, en una época donde había pocos productos, el consumidor apreciaba los valores funcionales como el efectivo, el mejor sabor o el precio más barato; las cosas han cambiado y hoy los productos tienen el precio y calidad como *given* o como promesa básica obligada; hoy los productos y servicios trascienden el valor funcional, ya que se ha convertido en la parte pequeña dentro del complejo proceso de decisión. Hoy las cosas valen más por lo que significan que por lo que son. Por ello, el conocimiento para construir significados es clave.

"Hoy las cosas valen más por lo que **significan** que por **lo que son**".

Por eso la estrategia de éxito debe surgir del conocimiento profundo de las necesidades subconscientes antropológicas del consumidor, y así, entendiendo estas necesidades, las marcas pueden conectarse con sus clientes, y ofrecer algo mucho más poderoso que la diferenciación funcional.
Basándome en mi experiencia, puedo afirmar que hoy el valor funcional es lo menos importante, contundente y conectivo con el proceso de toma de decisión del consumidor.

Si algo caracteriza al consumidor de hoy es su capacidad de convertirse en varios y diferentes consumidores en solo un año. En solo 12 meses una persona puede convertirse en dos o tres consumidores distintos, con motivadores y satisfactores diferentes. Por esto es que los mercadólogos, para leer al consumidor complejo, requieren herramientas más sofisticadas y profundas para poder descifrarlo.

Los países emergentes

son las nuevas minas a explotar, pero para llegarles requieres entender

cómo piensan,

cómo se proyectan y cómo viven.

"El consumidor de ayer tomaba sus decisiones de manera más simple, basándose en un solo canal, el más común, que en el pasado era el canal de *retail*, y con suerte existían dos o tres marcas. Hoy el consumidor tiene diversos canales para escoger, y debate si comprar su producto vía web, en una tienda común, o en un *outlet*".

El consumidor de hoy se encuentra bombardeado y afectado por esa gran ola de oferta. Lo malo es que cada día tiene menos poder adquisitivo, es decir, que la demanda es más baja.

En conclusión, hay menor demanda por persona, y un incremento de la oferta. Eso complica el panorama, y por eso hoy los países emergentes son tan seductores para las grandes empresas, ya que se han convertido en un excelente negocio porque el poder adquisitivo sube rápidamente y la oferta es muy básica en sus primeros años. Así es como se convierten en las nuevas minas para explotar.

"Sin el intenso estímulo de la emoción, las construcciones racionales caen y se desintegran".

En el proceso de conquistar un país emergente nace un nuevo problema: la diferencia cultural y las necesidades diferentes. Es allí donde se ha creado la gran oportunidad para todas esas empresas que están dispuestas a invertir tiempo, conocimiento y esfuerzo para adaptarse rápidamente y poder tener una oferta funcional, emocional y simbólica acorde a su nuevo consumidor.

Cuando se enfrenten a un mercado emergente, van a competir contra los productos locales que han estado allí toda la vida; seguramente lo han hecho con productos de calidad inferior, y con un *marketing* más arcaico, pero por ser locales, conocen todos los tejidos culturales y operativos.

La competencia será dura, y solamente ganará el que se adapte más rápido a las necesidades del consumidor y llegue más rápido a él con una mejor propuesta, no solo funcional sino simbólica.

Algunas situaciones mediáticas que he descubierto en esta puja de locales *versus* extranjeros, en medio de un crecimiento exponencial de mercado con poder adquisitivo en los países emergentes:

• El local cree que el consumidor nacional es fiel a la marca local, pero no lo es, y cada día que pasa lo será menos; está lleno de sed de conocer a los chicos nuevos del barrio, de descubrir lo desconocido, lo nuevo, lo extranjero.

• El local decide cambiar y modernizarse rápidamente, pero jamás tendrá el tiempo necesario para poder innovar y evolucionar antes de que llegue la oferta extranjera.

• El local lleva años copiando a los líderes internacionales, pero cuando llega el producto original, se evidencia la copia y se genera un efecto de frustración altísimo. En ese momento el consumidor cobra bien caro el engaño.

• Los productores locales se tratan de proteger en

sistemas y leyes locales; sin embargo, los grandes grupos llegan con excelentes plataformas de cabildeo, y grandes presupuestos para modificarlas a su favor en pocos meses.

• El ofertante local cree conocer perfecto su mercado por haber estado junto a él por años; sin embargo, en todo país que se vuelve emergente, la cultura y la demanda se modifican drásticamente cada dos años, pues se trata de un país bebé, con consumidores bebés que cambian gran parte de su estructura de valores e ideales, y por consecuencia cambian su pensamiento de compra en períodos de dos a seis años.

• La oferta internacional se vanagloria de ser exitosa con su producto en varios países, y supone que se quedará así, pero cuando aterriza en el nuevo país emergente, se estrella con que tiene un producto *off-code* de la cultura y la necesidad local.

→ **"Antes uno competía producto ← *vs.* producto,** hoy tu producto no solamente compite contra otros productos, sino contra otras categorías de forma simultánea".

Además de todo lo anterior, hoy ese consumidor entra en una disyuntiva exponencial. Por ejemplo, imaginen el salto que ha experimentado el consumidor que desea escuchar música: antes, él buscaba la respuesta en un aparato MP3 o MP4, y cuando iniciaba el proceso de compra descubría que no necesariamente la forma para transportar y escuchar música se limitaba a esos aparatos, pues podría hacerse también a través de un reloj MPG3 o un iPod. Hoy simplemente basta con su propio celular.

Ahora, una empresa de celulares compite contra el radio satelital con *cloud computing*, que puede ser también una opción. Y sobre todo hay que considerar que las listas de Spotify cada vez están ocupando un lugar más importante.

Si se fijan, la necesidad era cargar y escuchar música, pero hoy en esa demanda existen montones de ofertas como: iPod, memoria USB, radio satelital, computadora, teléfono celular, etcétera. Todas estas tecnologías te ofrecen lo mismo, de diferente forma.

En el tema de las grandes superficies, un supermercado compite de forma frontal con una tienda departamental. Hace veinte años era casi imposible pensar que un Macy´s, Sears y JCPenny tuviera que competir con un Target, simplemente eran canales completamente diferentes; hoy el enemigo de Macy´s, Sears y JCPenny es un *shopping cart* en la web, y un supermercado, no una tienda departamental. No es casual que JCPenny haya contratado a Ron Johnson, el genio de *trade* y *retail* de Target y Apple, para renovarse.

En la actualidad el consumidor tiene un doctorado en compras. Es fácil aprender; si no son los amigos los que enseñan, son los *blogs* y todos los portales que están llenos de información valiosa. El consumidor corre más rápido, piensa más rápido, es más inteligente... Y nosotros debemos empatar esa velocidad y adelantarnos a él para tener la capacidad de codificarlo y poder ofertar y conectarlo con lo que nosotros queremos venderle.

"Hoy la segmentación del consumidor es **multidimensional** y cambiante, cada día nace una tribu urbana diferente, con necesidades **diferentes"**.

Hace tan solo diez años no existía una multimicrosegmentación de grupos de consumidores donde hubiera dos o tres tipologías. Hoy podemos encontrar entre 12 y 18 tipologías en solamente el *target* de los jóvenes.

"Dime qué música escuchas y yo te diré qué compras".

Además, dentro de un solo grupo hay muchos subgrupos, y todos procesan de manera distinta la forma de pensar, vivir, vestir e interactuar. Por ejemplo, géneros musicales los hay todos, y esto es algo clave de entender, porque como dije en la cita anterior, "dime qué escuchas y yo te diré qué compras". Es allí donde las marcas deben ser muy competitivas, ya que, independientemente de que seas una marca de nicho o no, debes tener la capacidad de entender todas esas mentes para comprender el subconsciente colectivo: es allí donde se encuentra la gran oportunidad. Si manejas una empresa pequeña que se ve obligada a venderle a los nichos, debes ser sumamente rápido, sensible y conocedor para conquistarlos.

Conquistar un nicho te debería llevar a conquistar otro, y simultáneamente te va a llevar a transformarte en una promesa más rica y multisegmentos que logrará llegarle a varios nichos con una sola promesa. Por ejemplo, Dickies fue una marca de ropa que le vendía al nicho de trabajadores industriales y luego le empezó a vender a los jóvenes urbanos hip-hop, luego a raperos y hoy le vende a gente común. Es fascinante conocer a las tribus urbanas porque no solo son mercados muy interesantes para las marcas, sino que en muchas de ellas nacen las grandes tendencias de uso de electrónica, ropa, alimentación, música, etcétera.

Hoy existen cientos de tribus urbanas, solo por mencionar algunas tenemos: los escatos, los technos, los emos, los rockers, los junckies, los hipster... Hay muchas y diferentes subculturas que forman una sola cultura colectiva, por eso es tan importante poder captar todo el conocimiento de cada una de estas colectividades.
Por ejemplo, no entender el movimiento *hipster* sería un error costosísimo para varias empresas. Así lo vimos con el género musical hip-hop, el único movimiento igual de poderoso, o más poderoso que el pop y el rock. ¿Cuántos carros, ropa y alimentos se volvieron exitosos y aumentaron sus ventas por simplemente codificarse y acercarse un poco a ellos?

Los norteamericanos hemos fallecido en la mediocridad y el conformismo de solo adaptarnos a los mercados locales, y nos sentamos en la arrogancia de la no adaptabilidad a otras culturas. Cuántas veces escuchamos decir a los poderosos de este país:

"Si les gusta nuestro producto, bienvenidos, y si no, pues no lo compren porque no pienso cambiarlo".

Y miren lo que pasó ahora que el mercado norteamericano está en recesión.

¡Ah, qué retos!

Ayer nuestro consumidor fuerte era de una cultura similar a la nuestra. Hoy nuestro mercado más atractivo está a miles de kilómetros, y de repente nos damos cuenta de que la economía norteamericana ya no es tan poderosa para comprar todo lo que teníamos proyectado vender. Hoy el mercado está a solo 12 horas de distancia en avión, pero a años luz de diferencia cultural.

Hoy si no sabes cómo comen, cómo viven, con qué sueñan los consumidores, no podrás adaptarte y vender tus productos. A veces algunos mercadólogos piensan que con un par de viajes que hagan pueden aprender, ¡pero no! Esas culturas son tu consumidor potencial y tú eres tan lejano a sus necesidades que no puedes ignorarlas.

IKEA, una marca sueca, vende los mismos muebles o estilos de vida a los rusos, suecos, norteamericanos y chinos. Hay que tener mucho poder y grandeza para transformar la forma de vivir de una parte de los habitantes de un país.

Sin embargo, hasta marcas tan gloriosas como Apple aún no han podido llegar a impactar como predijeron en culturas como la japonesa o la colombiana, especialmente con su teléfono iPhone. O el caso de la marca Diesel, que tiene tan poco éxito con sus tiendas en un país tan grande y poblado como Brasil.

Claro que también existen ejemplos positivos como los coreanos y japoneses, que han demostrado ser tan hábiles para cruzar fronteras y culturas, que le han vendido a Estados Unidos millones de carros, refrigeradores y televisores con un liderazgo absoluto.

Tenemos un consumidor inteligente que corre cada vez más rápido, que es más brillante, que sabe más, y nosotros seguimos estudiándolo y cazándolo con armas antiguas.

"Hoy la fiera es más veloz e inteligente, pero seguimos cazando con lanzas antiguas e ineficaces".

Esta es la inspiración para haber creado una metodología que tenga la capacidad de correr e interpretar todas las culturas.

Es decir, entender a alguien que no solamente es diferente a nosotros, sino que está buscando algo totalmente diferente que nosotros.

CAPÍTULO CINCO

Los métodos tradicionales ya no son suficientes para proyectar una empresa e innovar con éxito

"Cada día sabemos más y entendemos menos".

—Albert Einstein

¿Cómo innovar en esta época en la que el consumidor es tan cambiante y complejo? ¿Cómo innovar en un mundo donde casi todo ya está descubierto? ¿Cómo innovar para un consumidor que dice una cosa y hace otra? ¿Cómo innovar si tus ejecutivos y proveedores de investigación no han sido suficientemente hábiles para descifrar los laberintos emocionales de tus consumidores?

Tenemos todas las pruebas científicas y de laboratorio necesarias para decir que la gente no sabe por qué dice una cosa, y luego hace otra; yo llevo muchos años trabajando en esto, y con bases no solo de *marketing* sino de neurociencia, hemos encontrado el error del método tradicional, y el motivo por el que no es suficiente hacer una docena de *focus group* para interpretar las necesidades subconscientes e inconscientes del mercado. Nos queda claro cómo funciona la mente humana y por qué nos cuesta tanto distinguir dónde está ese punto entre lo que dice y lo que hace la gente.

Por ejemplo, nosotros mismos, que somos analistas, que sabemos cómo funciona la mente en la compra, no podemos descifrar por qué compramos las cosas o hacemos lo que hacemos. Para mí mismo es un misterio todo esto. Por ejemplo, yo me visto casi siempre de color negro; mi clóset es 80% negro, 15% jeans oscuros y 5% blanco, pero el 95% de los días del año visto de negro. Siempre me preguntan por qué visto de negro. Esto supone algo de frustración para mí porque no lo sé, ¡y me encantaría saberlo! Obviamente, tengo una respuesta inteligente para esto, la gran coartada para hacer creer que sabes el porqué. Lo que respondo a esa pregunta es: "Yo viajo mucho y he descubierto en el negro un color práctico y cómodo; con poca ropa uno puede sobrevivir varios días de la mejor forma y siempre presentable para cualquier ocasión". Pero la realidad es que no tengo la menor idea.

"Si tú crees que porque el *focus group* es la herramienta más usada es una herramienta efectiva, podrás fallar seriamente".

¿Ustedes creen que yo sé por qué decidí usar cierta marca de carro, o por qué escogí vivir en una ciudad nueva durante tres años? No lo sé. Y qué bueno, porque creo que sería terrible saberse todas las respuestas. Es aquí en donde la ignorancia nos da felicidad. Sin embargo, sé que hay respuestas amplias para todas las preguntas que me hago y me hacen.

En varios estudios académicos, clínicos y estudios realizados por nosotros en nuestros laboratorios de *neuromarketing* hemos visto y comprobado, a través de los electroencefalogramas, que el 85% del proceso de decisión es subconsciente e inconsciente.

Bajo el principio de los tres cerebros, que veremos más adelante, se sabe que el cerebro racional es el único que puede verbalizar o generar una expresión o lexias de algo, es decir que si alguien te responde por qué compró algo, o por qué le gusta algo, está tratando de racionalizarlo para poder expresarlo.

Se podría creer que esto solamente se aplica a productos comerciales; sin embargo, tenemos experiencia y hemos visto en cientos de ocasiones que no importa si vas a comprar una Caterpillar o una blusa en Zara, el proceso es igual de emocional.

En los *focus groups* y también en las entrevistas etnográficas o antropológicas se dicen cosas que no son tan ciertas, que confunden y empañan el motivo real de compra. Es por eso que nos confundimos tanto cuando la gente nos dice qué es lo que quiere comprar. No podemos hacer caso de lo que dice la gente en un 100%; eso se convierte en un problema serio, porque luego vemos que ellos no compran el producto que tanto dijeron querer.

¡EXISTEN MÁS MOTIVOS PARA MENTIR QUE PARA DECIR LA VERDAD!

A continuación describo los motivos más importantes para mentir:

1. Quedar bien con los compañeros de sesión.

2. Tratar de impresionar o sobreponerse ante la tribu.

3. Salir de la pregunta de forma rápida para recibir el incentivo.

4. Verse inteligente ante el prójimo.

5. Reafirmarse y sentirse bien.

6. Lograr aprobación o integración colectiva.

La gente se esfuerza mucho, más de lo que se imaginan para responder algo inteligente.

No existe forma de racionalizar las emociones; las emociones tienen una lógica totalmente distinta a las razones. Además es curioso, pero siempre nos han hecho creer que entre más racional es uno, más éxito tendrá en la vida. Sin embargo, se ha probado científicamente que los grandes líderes son más exitosos por ser emocionales que por ser racionales.

¿Cómo explicar frente a ocho personas por qué te gusta más la Coca-Cola que la Pepsi? Obviamente puedes decir algo. Pero la mejor forma de demostrar que la gente no sabe lo que quiere es así:

Ejemplo 1

P: Señora, ¿cuál de las dos colas le sabe más rico?

R: La de la derecha, señor.

P: ¿Por qué?

R: Porque está menos dulce.

ACÁ ENTRA LA PREGUNTA DETERMINANTE

P: ¿Por qué le gusta menos dulce?

S: Bla, bla, bla (ya no tiene mucho sentido lo que empieza a decir).

A esto le llamo el remate de la pregunta determinante. Veamos un segundo ejemplo de cómo la gente no sabe lo que siente o lo que quiere.

Ejemplo 2

P: ¿Cuál es tu color favorito?

R: El azul.

P: ¿Por qué el azul?

R: Representa el mar, el cielo y el espacio.

ACÁ ENTRA LA PREGUNTA DETERMINANTE

P: ¿Y por qué te gusta un color que represente el mar, el cielo y el espacio?

R: Bla, bla, bla… (ya no tiene mucho sentido lo que empieza a decir).

Ejemplo 3

P: Señora, ¿usted le hace de desayunar a sus hijos?

R: Claro.

P: ¿Cuántas veces a la semana?

R: Casi todos los días.

ACÁ ES DONDE LE PONEMOS UNA TRAMPA

P: Señora, gracias por su participación, ya acabamos, ahora hablaremos con sus hijos. ¿Puede decirles que pasen al salón y usted nos puede esperar en la sala?

P: Jóvenes y niños, hola. ¿Qué desayunaron hoy?

R: Nada, porque estábamos retrasados.

P: ¿Y ayer qué desayunaron?

R: Un yogur y galletas en el carro.

Es allí donde descubrimos que la mujer no puede decir la verdad, ya que se siente muy mala persona socialmente en este país específico por no darles de desayunar a sus hijos. Sin embargo, es curioso que en el estudio cuantitativo 83% de las mujeres decían hacerle el desayuno a sus hijos todos los días.

¿Por qué sucede esto? Regularmente esto sucede porque las emociones están en una zona del cerebro donde no se pueden expresar verbalmente.

Y es por esto que nadie puede explicar la emoción que le provoca un color, un sabor o una mujer o un hombre.

¿Sabías que en el caso de las mujeres, el proceso de enamoramiento se da más por el impacto al olor que por el gusto, el oído, la vista y el tacto?

Enamorarse o escoger a alguien es 85% subconsciente.

Hazte la pregunta:
¿Qué has comprado que haya sido 100%
racional? Te darás cuenta de que no existe nada.
Roberto dice: un disco duro externo. Roberto
no sabe que su decisión fue más emocional
que racional, porque su interés principal
o razón principal era realmente un intenso
miedo de perder la información. Y así es en
todos los casos.

Los consumidores mienten. Yo no creo en lo que
me dicen, porque sé que mienten consciente o
inconscientemente, pero muchas veces la gente puede
considerar que no miente, porque ni ellos mismos saben
qué están diciendo o por qué lo están diciendo.

Imagínense lo que me sucede a mí (lo mismo que te
puede suceder a ti): yo trabajo en muchos países y
la mayoría de ellos son países emergentes. Cuando
reclutamos gente, les ofrecemos entre 20 a 30 dólares
americanos, para que nos reciban en su casa y nos
brinden un par de horas de charla. La gente no puede
creer por qué les pagamos para hablar. Muchos de
ellos trabajan tres o cuatro días para ganarse lo que
nosotros les ofrecemos en unas horas, y eso hace que
se preocupen por decirnos cosas inteligentes, lógicas,
sorprendentes. Muchas veces ellos piensan que si no
responden cosas inteligentes, no les darán su incentivo.
Por eso se esfuerzan tanto por racionalizar sus emociones
y responder siempre inteligentemente.

Estamos entrenados para no creerle mucho a la gente, sino para interpretarla; estamos entrenados para leer entre líneas, para decodificar lo que realmente siente, pero no puede expresar.

EL CASO
JAPÓN

Hace años, cuando iniciábamos estudios en países lejanos, fuimos contratados para decodificar al consumidor japonés. Jamás habíamos ido a ese país, ni siquiera de turistas. El proceso lo iniciamos con traductores simultáneos capacitados por nosotros; después de la cuarta entrevista nos dimos cuenta de que no estábamos interpretando nada, porque los japoneses no gesticulaban, y porque el traductor podía decirnos qué decían pero no podía decirnos por qué nos lo decían. Además, la traducción era demasiado literal y no podíamos interpretar los significados.

Entonces nos dimos cuenta de que tenía más valor hablar con sociólogos e historiadores japoneses para que nos contaran del contexto cultural, en vez de hacer entrevistas con poco sentido. Fue así como recurrimos al ZMET, la técnica de obtención de metáforas del profesor Zaltman, que nos permitió saber cómo era la dinámica ante un producto y saber qué provocaba este producto en la gente. Entonces pudimos mejorar las hipótesis y capacitamos al equipo local para poder indagar con más profundidad, ya no con traducción, sino de forma privada o directa.

Mientras tanto nosotros nos dedicamos a caminar para buscar pistas y realizar varios ejercicios de antropología visual. Tomamos cientos de fotos. De esta manera podríamos leer las dinámicas y los significados de una cultura ante un producto, y saber qué es lo que les provoca. Luego con esta información entrevistamos a expertos japoneses que podían hablar inglés para refutar o aprobar las nuevas hipótesis.

Es así como pudimos descifrar un mercado tan complejo y lejano sin hablar mucho con la gente, y entendimos que muchas veces es mejor observar al consumidor que preguntarle directamente.

Hoy existen diversas técnicas de investigación, interpretación y mecanismos para obtener conocimiento profundo del consumidor. Del conocido y muy utilizado *focus group*, que yo mismo utilicé por años, me atrevo a afirmar y demostrar que no sirve a la hora de querer innovar.

A continuación enumero algunos de los
RIESGOS QUE SE PUEDEN CORRER POR USAR LA HERRAMIENTA DEL *FOCUS GROUP*

1. Hacer lo que piden los consumidores de forma consciente, sin considerar que el motivo real de compra está en la parte subconsciente, que no se puede verbalizar.

2. Trabajar basado en esta información por meses en una innovación, y por eso no poder diferenciarla ante la competencia, ya que esta fue creada con la misma información.

3. Cambiar sin sentido real el rumbo del proyecto con información incierta y así confundir a los ejecutivos que trabajan la marca.

Pero si es un instrumento de investigación mediocre, ¿por qué se sigue usando?

• Porque la gran mayoría de las empresas no saben que el 85% del proceso de compra es subconsciente. El *focus group* solo obtiene el 15% del motivo real de compra.

• Por el mismo hecho de que muchas empresas lo siguen usando. Por eso la gente cree que sí funciona, sin considerar que las empresas lo usan porque es la herramienta de investigación para escuchar al mercado más rápida, y la que da la posibilidad de contar con una muestra amplia a un precio muy económico.

Lo que no se preguntan los ejecutivos de esas empresas es cuánto cuesta reparar los fracasos...
Cuando se usa el *focus group*, simplemente se recibe información racional, la cual no es el motivo real de conexión.

¿CUÁNDO ES RECOMENDABLE USAR EL *FOCUS GROUP*?

• Únicamente cuando no tienes presupuesto, ni tiempo, y sabes muy poco de la categoría a la que te enfrentas. Y como este motivo es muy común en las empresas, lo seguirán usando.

• A pesar de ser un instrumento de investigación sumamente riesgoso, el *focus group* puede darte algunas pautas para validar conceptos *naming* y *packaging*. Lo que recomiendo es tener mucha cautela y capacidad de análisis, discreción, moderación, madurez e inteligencia para no caer en la trampa de lo que dirá el mercado; de lo contrario, se verán sumamente afectados.

Con respecto a usar la herramienta para validar comerciales de TV, no la recomiendo para nada y he visto que existe una gran diferencia entre la opinión de la gente, su aprobación o desaprobación y el posterior resultado en ventas logrado.

• Creo que donde el *focus group* funciona menos mal es en las pruebas organolépticas. Creo que los estudios etnográficos y el *neuromarketing* aún están muy lejos de ser sistemas sólidos para esto, y por lo menos tardaremos un par de años en tener información suficiente para aplicarlos.

Creo que prefiero las etnografías uno a uno bien hechas, aunque sea con poca gente, que hablar con 24 participantes en tres sesiones de *focus groups*. Allí es donde 8 es más que 24, y esto ha sido la tendencia en países como Inglaterra y Estados Unidos.

Sin embargo, cuantos más estudios hago y más aprendo acerca del funcionamiento de la mente humana y el comportamiento del hombre, más me doy cuenta de que no sé nada.

Hoy el gran reto para todos los líderes de áreas de mercadeo es conocer y dominar las diferentes herramientas de investigación, para así decidir cuándo usar una y cuándo usar la otra.

El verdadero éxito del mercadólogo de hoy está en obtener los mejores *insights* para luego implementar efectivamente.

**"Investigo, luego implemento.
Implemento, luego investigo".**

LA LLEGADA DE NUEVAS HERRAMIENTAS CIENTÍFICAS

El polémico *neuromarketing*, ¿para qué sirve realmente? Sirve pero no para todo. El poder del *neuromarketing* se verá en los próximos años. Hoy está en una etapa de maduración acelerada y con avances muy importantes en descifrar los patrones de conducta neurológica.

El *neuromarketing* se encuentra en su primera fase de resultados, llevamos pocos años siendo capaces de analizar si el cerebro se conecta o no positivamente con diferentes estímulos. Este resultado sale de la formulación o actividad de diferentes zonas del cerebro. Y es así que sabemos qué tanto seduce o no una marca de forma positiva al cerebro.

El *neuromarketing* va creciendo a pasos agigantados, y con él vamos a tener la capacidad a corto plazo de decir qué hacer y qué no hacer para lograr éxito en ventas.

En la etapa en que se encuentra el *neuromarketing*, solo podemos saber claramente si el cerebro se deja seducir o no por ciertos estímulos, lo que aún no podemos hacer es decir por qué sucede esto ni tampoco podemos iniciar un proceso de creación o creativo con información del *neuromarketing* únicamente.

Por eso nosotros recomendamos el uso de herramientas mixtas (herramientas de las ciencias sociales junto con herramientas científicas).

La verdad es que sí existen herramientas efectivas, nobles y prácticas para lograr interpretar al consumidor, y así poder tener un *briefing* más completo para crear la innovación; estas mismas son herramientas que han demostrado su capacidad interpretativa desde 1940, y que cada día que pasa vuelven a recobrar su reputación y valor al ser utilizadas por grandes marcas.

Hoy el *neuromarketing* es una herramienta eficaz y tiene mucho valor para probar y validar los empaques y comerciales de TV. Pero creo que estamos solo a algunos años de poder dar resultados con el *neuromarketing*, para cumplir con las exigencias de los clientes.

Yo te invito a que cuando quieras innovar con contundencia, valores diferenciados y éxito garantizado, no fundamentes tus procesos solo en métodos tradicionales cualitativos, ya que te costará mucho lograr una diferenciación real y la posibilidad de establecer una conexión profunda con ese nuevo consumidor tan complejo.

Más bien te invito a que utilices técnicas que se puedan interpretar de forma más profunda, para así lograr mayor conexión con el consumidor.

"No puedes simplemente preguntarle a los clientes qué quieren y luego intentar darles eso".
—Steve Jobs

Yo pienso que aunque los consumidores supieran lo que quieren realmente, no podrían expresarlo correctamente. Los grandes *insights* no están en la boca del consumidor, sino en la capacidad de interpretación y la observación aguda de los profesionales.

El poder de la biología y el regreso valioso de las ciencias sociales

"La mejor explicación del comportamiento humano está en la conducta biológica. Yo me pregunto: ¿por qué a pesar de existir pruebas constantes de su poder explicativo e interpretativo, los mercadólogos y la academia de negocios tiene tan relegada esta disciplina?".

El éxito radica en saber combinar las herramientas que tenemos. Las ciencias sociales regresan con mucha fuerza en esta década. Hace muy poco los sociólogos, psicólogos y antropólogos eran vistos por las ciencias modernas (matemáticos y economistas) como bohemios y soñadores. No eran vistos como personas útiles. Se hizo todo lo posible por hacer creer que ellos podían ser reemplazables por la estadística. Sin embargo, hoy se ve cada vez más cómo esos profesionales están volviendo a ser valorados, son parte sensible y humana de una empresa. Por este mismo motivo, las teorías y lo que plantea la neuroeconomía o las finanzas antropológicas tiene sentido.

Su aporte consiste en que nos han enseñado que interpretar al ser humano es una de las cosas más valiosas en el negocio del mercadeo. Insisto, el éxito está en saber combinar diferentes técnicas y metodologías. Hoy se necesita conocimiento profundo, ciencias sociales y ciencias biológicas, hoy el mercado nos obliga a saber un poco de antropología, un poco de sociología, psicología y hasta de biología para tener un poco más clara cada oportunidad de negocio.

ALGUNOS PRINCIPIOS BIOLÓGICOS

Hay que entender que el hombre, al igual que todas las otras especies de seres vivos, posee un instinto de supervivencia, es decir, un instinto animal que nos impulsa a protegernos. Es la reacción natural ante cualquier situación de peligro. Esta lucha genera ciertos requerimientos básicos para sobrevivir, por ejemplo respirar, dormir, comer, defecar, tomar agua. Cuando una de estas necesidades debe ser suplida o peligra la posibilidad de satisfacerla, entonces el ser humano genera conductas, o patrones biológicos de conducta, como reflejos innatos y adaptativos como llorar, estornudar, toser o succionar; todas ellas son reacciones fisiológicas de compensación y defensa ante peligros reales y fenómenos de supervivencia.

La mayoría de los cambios conductuales en los seres humanos obedecen a cambios en sus sistemas fisiológico y biológico. Es por esto que no se puede entender la conducta humana a menos que conozcamos lo que ocurre dentro de nuestro cuerpo. La cantidad de procesos que se llevan a cabo en el organismo humano y que se relacionan con la conducta son innumerables. Y es que el cerebro, el sistema nervioso, junto con otros sistemas biológicos, actúan de forma extraordinaria para recibir, interpretar y enviar mensajes con una precisión asombrosa que el hombre ignora. Son pocos los seres humanos que se detienen a pensar y aceptan que somos una conclusión de un comportamiento biológico.

Hace diez años, nadie se hubiera imaginado que los biólogos y antropólogos serían los más hábiles para realizar el trabajo de descifrar la conducta misteriosa de los seres humanos.

La biología es lo que nos hace a todos muy similares. Los chinos, los mexicanos y los norteamericanos somos biológicamente idénticos, todos queremos cosas similares: queremos dominar, disfrutar del sexo, queremos trascender; todos somos exploradores, protectores de la tribu, somos sociales, y es allí donde está la posibilidad de entender y actuar con información que nos demuestra que todos somos iguales y, por eso, en la medida que la biología nos rija, podremos explicar el comportamiento humano y cómo todos reaccionamos y nos comportamos de forma idéntica.

Nuestro comportamiento biológico es lo que más nos rige. Por ello se complementa tanto con el mercadeo; mientras la biología nos hace actuar inconscientemente, la antropología es la forma consciente como el hombre trasciende y se comporta basado en su historia, sus ritos, creencias y cultura.

Creo profundamente que la antropología biológica es la ciencia más poderosa para interpretar los misterios de conducta del ser humano.

En la medida en que sepas de antropología y biología podrás interpretar por qué la gente hace lo que hace y dice lo que dice.

"Fundamentar la innovación y el *marketing* antropobiológicamente es el futuro y la clave del éxito".

¿Por qué conviene ante todo fundamentar la innovación y el mercadeo en comportamiento biológico?

"Si quieres lograr éxito global, fundamenta tu innovación bajo conducta biológica".

Cuando uno fundamenta la estrategia en el comportamiento biológico, uno arriesga menos, ya que las bases biológicas que rigen nuestra conducta no cambiarán como mínimo en los próximos 350 años, y seguramente ninguno de nosotros verá el más mínimo cambio.

BIOLOGÍA

CULTURA

La biología trasciende la cultura.
"Para saber quiénes somos tenemos que comprender cómo estamos conectados".
—James Fowler

La especialización de la biología que se concentra en estudiar el comportamiento humano es la etología. El objetivo de los etólogos es el estudio de la conducta, del instinto y el descubrimiento de las pautas que guían la actividad innata o aprendida de las diferentes especies animales. Los etólogos han estudiado en los animales aspectos tales como la agresividad, el apareamiento, el desarrollo del comportamiento, la vida social, la impronta y muchos, muchos otros. En estado salvaje, los animales se manejan con ciertos códigos impuestos por la propia lucha por la supervivencia, deben luchar por ser el más apto para dirigir una manada o ganarse el derecho a comer o a copular primero.

Entender a los animales y generar modelos comparativos con los humanos es sumamente valioso para descubrir lo básicos e instintivos que aún somos.

"Todo el que conoce verdaderamente a los animales es porque es capaz de comprender plenamente el carácter único del hombre".
—Konrad Lorenz

Si estuvieras junto a nosotros en todos los procesos de investigación que hacemos en tantos países, para tantas marcas, te darías cuenta de que no podemos decir qué es más importante en un proceso de decodificación del consumidor: si la biología, la antropología, la psicología la semiótica. Es la combinación de todas la clave para descomponer el imaginario del consumidor, eso es lo que hace tan poderoso a este método.

Cuando se trata de tomar un decisión...

"La emoción le gana a la razón, el instinto le gana a ambas".

"Hoy debemos mercadear menos para las emociones y más para el instinto".

Cuando creamos este método debíamos tener una postura 100% escéptica y fuimos entrenados para dejar en casa nuestros tabúes, opiniones personales y creencias. Descubrimos que en el momento en que involucras tus creencias y experiencia, estás arriesgando más y más el proceso de conocimiento y entendimiento de cómo investigar y conocer al consumidor, y es allí donde se da la gran falla.

"El reptil siempre gana".

—Clotaire Rapaille

"La mente de un experto es como una taza llena de té; no tiene posibilidad de recibir más conocimiento".

—Sabiduría samurái

Hoy con tantos avances tecnológicos, y conocimiento diverso, no siempre puedes creer en lo tuyo, debes creer en cosas nuevas, debes dejar tus intereses a un lado, probar y quedarte con lo que demuestre ser más efectivo para ti.

Esto suena fácil, pero resulta sumamente difícil lograrlo. Ser escéptico también tiene su virtud, ya que te ayuda a ser más crítico. Lo que no debes hacer es creer que eres perfecto o que lo sabes todo, porque con esa mentalidad puedes quedarte fuera del juego en un par de años.

Podremos dudar, debatir, discutir, pero si hay algo claro es que la biología ha demostrado que rige gran parte de tu estructura de motivación y decisión.

Acá y en China los siguientes conceptos de conducta biológica se repiten (en condiciones normales, y sin considerar afectaciones y traumas psicológicos):

- Te debe gustar el sexo.
- Te gusta dominar a alguien cerca de ti.
- Eres un explorador.
- Te gusta el orden aunque seas desordenado.
- Te gusta lo simple.
- Con tu tribu nadie se mete.
- Quieres tener hijos.
- Quieres ser feliz.
- Quieres tener poder.
- Requieres ser parte de un grupo.
- Sientes miedo.
- Quieres tener una pareja.
- No puedes controlar todas tus emociones.
- Te interesa lograr reconocimiento familiar o social.

¿Acaso alguno de ustedes niega una de estas conductas?

La mayoría tiene claro que sí opera bajo estos principios que dicta la biología comportamental.

El *marketing* biológico es el futuro del mercadeo. El utilizar el conocimiento del comportamiento biológico del consumidor te permite hacer estrategias globales, ya que en la conducta biológica está el motivo más profundo y real del actuar y reaccionar más primitivo, además de que el resultado es indiferente a la cultura de donde provengas.

Si en mis procesos tuviera que escoger entre usar el código biológico y el código cultural, para plantear una estrategia en un país que no conozco, escogería sin duda el código biológico.

"Al entender la conducta de los animales se puede interpretar también la conducta de los seres humanos, es allí donde somos seres biológicos que reaccionamos de forma instintiva a todo impulso".

Quiero darles un ejemplo de una estrategia biológica. Si eres una empresa que comercializa azúcar, debes saber que el producto genera el mismo efecto psicobiológico en el cerebro de un chino que en el cerebro de un norteamericano: el azúcar genera un sentido de premio, alegría y energía, lo que hace que el cuerpo se satisfaga. Así que si vas a fundamentar una estrategia para una empresa azucarera en cualquier parte del mundo, es bueno saber qué provoca y qué sentimiento despierta biológicamente el azúcar dentro del cuerpo del ser humano, porque eso no cambia.

Llegarás a la conclusión de que para vender azúcar, aquí y en la China, debes vender alegría.

EJEMPLO DE *MARKETING* BIOLÓGICO EN LA MARCA ABERCROMBIE & FITCH

Para muchos de ustedes debe ser curioso el caso de éxito radical de Abercrombie & Fitch.

El fenómeno psicobiológico se activa cuando cumples entre 13 y 14 años, e independientemente de la cultura a la que pertenezcas, se activa un chip dentro de tu cerebro que genera un proceso de búsqueda de identificación propia, un proceso psicobiológico en el que el ser humano tiene necesidad de encontrar su propia identidad e independencia.

Este fenómeno genera un proceso de anarquía. El joven querrá alejarse de ese icono de identidad tan poderoso que hasta ahora fue el padre. Verse diferente al padre y usar cosas que tus padres rechazan es lo que quieres y necesitas.

Abercrombie & Fitch logró todo su éxito debido a un concepto psicobiológico que opera igual en todas las culturas. Esta marca, consciente o intuitivamente, desarrolla todos los productos fundamentados en lo que no le gusta a los padres y a la sociedad conservadora. La anarquía y la búsqueda de identidad propia hace que esta marca sea tan exitosa.

Si a tus padres no les gustan los pantalones rotos y con manchas de pintura, Abercrombie & Fitch hace el pantalón roto y con manchas de pintura. Si tus padres te piden que vistas formal para el bautizo de tu prima, tú te pones la única camisa que tenías en el clóset y que además estaba arrugada. Seguramente tu madre te reprocha y te pide que la planches, pero esa exigencia a ti no te gusta. Entonces, ¡la camisa te gusta arrugada! Por eso es que Abercrombie & Fitch arruga las camisas al colgarlas en los muebles de las tiendas. Camisas de vestir remangadas, gorras rotas, etcétera, son los productos que no gustan a los papás. Este es un efecto biológico que hemos vivido todos y todas las generaciones por cientos de años; mientras no cambie el fenómeno psicobiológico, tendremos ese motivo de búsqueda de identidad propia y de anarquía absoluta. Abercrombie & Fitch es exitoso por su *marketing* biológico. Ese sentimiento existe en las mujeres, pero es mucho menos radical que en los hombres: por eso esta marca no es tan exitosa con las mujeres como lo ha sido con los hombres.

Si conocen el libro que editó esta marca, sabrán que es un reflejo de lo que quisiera hacer un joven hijo de papá rico: irse a la finca el fin de semana, meter a sus amigas desnudas al lago, y voltear todo, aunque nadie nunca sepa que estuvo allí. Y aunque nadie sepa… Yo pensé que los jóvenes también tenían la necesidad del reconocimiento de otros jóvenes: que los amigos sepan. La conclusión es que todo lo que moleste a los papás será la seducción de los jóvenes.

Pero ¿por qué Abercrombie & Fitch va de bajada en sus ventas? No lo sé exactamente, pero es curioso, porque cuando un papá joven entra a la tienda y se compra algo, el hijo deja de querer la marca al instante, pues se pierde el motivo subconsciente que lo seduce.

Obviamente no les pido que estudien todas estas ciencias sociales para hacer mercadeo: si fuera así, deberían tener una vida o hasta dos para poder estudiarlas y conocerlas todas; lo que sí les pido es que traten de conocer las bases de estas disciplinas para dirigir los procesos de investigación, así cuando salgan a la calle tendrán diferentes ópticas y conclusiones.
No se puede hacer investigación sin conocer las bases de cada una de las disciplinas que hemos nombrado. Recuerden que yo no soy psicólogo, tampoco biólogo ni antropólogo; sin embargo, sé escuchar y sé creer en estas técnicas, y a través del conocimiento de ellas uno puede, como líder innovador, llegar a conclusiones mucho más certeras, e interpretar de forma más efectiva lo que quiere el consumidor. La invitación está en saber de todo un poco para poder llegar a una buena postura y conclusión estratégica.

PARA TERMINAR ESTE CAPÍTULO, VEAMOS LA MARCA AXE

AXE no vende olor, no vende fragancia, sino la posibilidad de recibir sexo. Y eso es muy poderoso por ser biológico. Sin embargo, y a pesar del poder de la conducta biológica, verás más adelante cómo el código cultural puede afectar la ecuación de éxito.

CAPÍTULO SIETE

Teoría neurológica y comportamiento biológico para interpretar al consumidor

7

"Lo más importante de la comunicación es escuchar lo que no se dice".

—Peter Drucker

Una de las cosas que más reclamo a nuestro sector es por qué les hablan a las mujeres y a los hombres de la misma forma. Definitivamente entiendo que es por una cuestión de costos, pero en la medida en que solo envíes un mensaje que le llegue a los dos géneros será un mensaje unisex, pero jamás será igual de bueno para ambos. Aunque los dos sexos hablen un mismo idioma, procesamos la información de una forma totalmente distinta. Por eso siempre habrá un género que sea más conectivo con el mensaje que el otro.

Es importante entender que, biológicamente, hombres y mujeres no somos iguales, que operamos y funcionamos de forma totalmente diferente, y que la interpretación de las cosas es totalmente distinta; es por eso que, desde una postura biológica y de mercadeo rentable, debemos hacer estrategia de género, debemos hablar con conocimiento de causa biológica. Conocer cómo funciona la mente de la mujer y del hombre nos hará mucho más efectivos para especializar nuestros discursos. Debido a esto recomiendo no comunicar de la misma forma para hombres y mujeres. Y si lo haces así, no esperes el mismo beneficio con ambos.

Algunos datos para ejemplificar qué tan diferentes somos:
• El cerebro de la mujer tiene ambos hemisferios mucho más interconectados. Por eso son más aptas para realizar multitareas.
• El cerebro de la mujer es mucho más pedagógico que científico.
• El cerebro de la mujer compra cámaras; el del hombre colecciona música y billetes.
• El cerebro de la mujer es 6% más pequeño; sin embargo, es mucho más hábil para multitareas.
• La mujer usa casi el triple de palabras que el hombre.
• La mujer gusta de la saturación de elementos; el hombre no.

EL PRINCIPIO DEL CACHORRO

El principio del cachorro o la neotenia es un principio biológico de supervivencia. Si algún día ustedes tienen que crear un *brand character* o una mascota para sus empresas, la recomendación es dibujarlo bajo este principio, es decir, dibujar un personaje con los ojos bien grandes y frente amplia, ya que en la medida en que tenga estas dos características, va a lograr conectar más con la gente.

Por eso, cuando abres los ojos y miras de frente, es sumamente efectivo, y por eso cuando hacemos negocios con asiáticos y no les vemos los ojos, nos sentimos sumamente cohibidos, frustrados y hasta pensamos que tenemos muy mala comunicación, porque el ser humano interpreta muchas cosas a través de la lectura de los ojos; el tamaño de los ojos y el tamaño de la frente es fundamental en la conexión emocional. Este es un principio biológico que hace que las crías nazcan con los ojos y la frente grandes, lo que hace que te conectes emocionalmente con ellas.

Este efecto biológico tiene un fin noble de supervivencia. El adulto requiere enternecerse con la cría para no comérsela, y quedarse al lado de ella para alimentarla. Por eso es tan importante utilizar este conocimiento, no solo para dibujar personajes, sino para ser mejores vendedores y diseñar otros objetos.

Cuántos carros hay que han entendido este principio y pueden lograr una conexión emocional profunda: por ejemplo, los focos grandes y redondos y las frentes amplias que tienen el Mini Cooper, el Beetle y el Twingo de Renault; ¡cómo son de efectivos para lograr esa conexión emocional con el consumidor! ¿Será que por eso les decimos mi Mini, mi Beatle y mi Twingo?

121

Otro *neuroinsight* biológico importante es que las mujeres hablan más que los hombres en cualquier lugar del mundo. La pregunta es por qué lo hacen. Seguramente se debe a los roles biológicos del ser humano. En algún momento ellas se reunían y se quedaban quietas alimentando y criando a los hijos. Tenían más tiempo para hablar y compartir cosas.

Cuando las mujeres se reúnen lo hacen para aprender de ellas mismas; cuando los hombres lo hacemos, es para presumir qué cazamos, qué compramos y qué negocio estamos haciendo. Las mujeres ven las cosas de manera diferente a los hombres; es tan interesante esto que las mujeres hablan aproximadamente catorce mil palabras al día, mientras que los hombres hablamos cuatro mil palabras al día. Por eso ocurre tanto que al llegar a la casa la esposa nos pregunta qué tal estuvo nuestro día y nosotros respondemos un seco "bien". Y después preguntan "¿qué hiciste?", y la respuesta es "nada". Y luego preguntan "¿acaso no estuviste con Jorge?", y la respuesta es "sí", después ellas siguen preguntando "¿qué te dijo Jorge?", y ellas reciben como respuesta "nada" ...

Muchas veces las mujeres creen que uno está molesto, pero, en realidad, si ellas supieran de conducta biológica, entenderían que a los hombres se nos acaban las palabras,

122

que llegamos a la casa y estamos sin palabras, y por eso necesitamos un control remoto y una cerveza para ver futbol, porque ya no tenemos mucho que expresar.

Cuando uno sabe de *neuroinsights*, conocimiento biológico y de género, uno puede saber exactamente que las mujeres siempre van a enviar más mensajes de texto que los hombres en todos los países, debido a que este es un fenómeno netamente biológico.

Las mujeres y los hombres vemos y observamos de formas diferentes. Es de gran importancia entender esto, porque mientras los hombres tenemos una visión de cazadores (la visión en túnel que tenía el hombre para ayudarlo a cazar de una forma mucho más cómoda), las mujeres tienen una visión periférica que les ayudaba a seleccionar todos esos frutos maduros que estaban en las partes altas de los árboles. Qué difícil sería encontrar un fruto maduro si las mujeres tuvieran visión de túnel, o qué difícil sería cazar un venado o un mamut si el hombre tuviera visión panorámica. Esta visión de la mujer también ayuda a que las mujeres puedan cuidar mejor a las crías.

La naturaleza es sabia, pues nos da diferentes cosas a cada uno para que podamos ser totalmente complementarios; sin embargo, si llevamos estos *insights* a la comunicación, eso nos puede explicar que la mujer puede relacionar más palabras, más elementos gráficos y más objetos simultáneamente dentro de un anuncio publicitario, mientras que el hombre es sumamente básico: a los hombres les tienes que mandar mensajes sumamente sintetizados con pocas palabras y pocos elementos porque de otra manera se confunden.

Es por esto que cuando un hombre busca dentro del refrigerador, nunca encuentra la mantequilla...

Y por eso es que le preguntamos a nuestra esposa "¿dónde está la mantequilla?", y ella responde "al lado de los huevos". Y la pregunta de los hombres en seguida es "¿y dónde están los huevos?". La mujer ya sabe que no vas a lograr encontrar la mantequilla, así que decide pararse y mostrarte dónde está la mantequilla, ¡y te sorprendes porque nunca la habías visto! Es más fácil buscar dentro de un refrigerador si tienes una visión panorámica y no una visión de túnel. Este conocimiento es clave para fundamentar nuestras innovaciones y una mejor comunicación para diferentes géneros.

Es curioso ver por qué insistimos en que los hombres y las mujeres somos iguales. ¿Por qué creer eso si no somos iguales y la biología nos hace totalmente diferentes? En un reciente estudio realizado en Estados Unidos, le preguntan a centenares de mujeres que deben escoger entre tres cosas bien importantes en sus vidas: debían escoger una y renunciar a dos durante un período de cinco años; la idea de este ejercicio era poder valorar lo que le gusta más al género femenino. La mujer debía ser muy consciente de que, al escoger una, debía renunciar a otras dos cosas por un período de cinco años.

La primera opción eran muchos besos y abrazos; la segunda era muy buen sexo con quien quisiera donde quisiera, y la tercera era poder hacer muchas compras donde quisiera en el país que quisiera y la cantidad que quisiera. El porcentaje mayor de las mujeres escogió hacer compras. Hacer compras fue más importante que tener besos, abrazos y muy buen sexo.

Este tipo de estudios evidencian lo diferentes que son las mujeres y los hombres. Si este mismo estudio lo hicieran con hombres, perderían el tiempo, porque obviamente la gran mayoría de los hombres responderían sexo.
Como verán, han pasado millones de años pero el rol biológico de recolectar sigue siendo latente.

APLICANDO *NEURO INSIGHTS* A INNOVACIÓN
Caso papas fritas *light*
Hace un par de años hicimos un estudio para una de las empresas líderes de papas fritas. Estaba interesada en vender productos *light*, sin tanta grasa. Parecía que la empresa tenía que hacer productos *light* y sanos para que ellos siguieran comprándolos.

La gran ola del "comer sano, comer *light*" hace que el consumidor se pronuncie a favor de esto. Es allí donde nació la oportunidad conjunta entre nosotros y Frito-Lay para descifrar y entender qué quiere la gente realmente, ya que los productos que se venden como sanos casi nunca se vuelven productos líderes.

Existe un patrón que se mantiene: los productos líderes siempre serán los productos que de alguna forma te hacen más daño, y por eso llegamos a una conclusión y decimos que si algo te hace daño se vuelve indulgente, y te seduce más que algo que no te hace daño.

Así como la mente del ser humano busca la supervivencia, también

busca el peligro,

el daño reversible.

Como prueba de esto, las cajetillas de cigarrillos, con sus grotescos letreros preventivos, no han bajado las ventas, a pesar que ya no pueden pautar en TV. Hemos podido descubrir en nuestro neurolab que estos mensajes provocan intención de compra y hacen que la gente fume.

Es curioso, pero la industria tabacalera cada día está más restringida y publicita menos en medios masivos, sin embargo, la categoría no decrece como se esperaba. Veamos el caso de Cigarrillos Death, una marca que descubrió este *insight* y construyó todo su *branding* basado en esto. Mientras las ventas incrementaban exponencialmente y la gente los buscaba, nació un movimiento para prohibir la venta de este producto, ya que promovían la muerte. Sin embargo, cuanto más promovía la muerte, más aumentaban los interesados y la indulgencia por fumarlos. Pienso que es más práctico explicar estos conceptos a través de historias de vida que a través de las neurociencias.

Dentro de las empresas donde trabajamos sabemos que existen algunos hombres casados que tienen una amante dentro de la compañía. Esos hombres esperan ansiosamente que sean las 5:00 p.m. para continuar con su aventura amorosa, una aventura sumamente peligrosa, porque podría hacerle mucho daño a la persona involucrada; él puede perder su trabajo, puede perder reputación social, perder su matrimonio y su familia. Todo este peligro hace que él piense que su amante es la mejor mujer, y a través del tiempo decide divorciarse para casarse con ella. Efectivamente se casan, pero en el momento en que la amante se vuelve la esposa y se pierde la noción de peligro, la relación deja de ser interesante. Así es como funciona la indulgencia en la mente del consumidor.

Por esta misma razón se explica por qué, a pesar de que los consumidores piden productos *light* y pequeñas porciones, estos no terminan de seducir de forma masiva, y se convierten únicamente en mercados nicho. Por eso los productos indulgentes por sus componentes o gran tamaño, siempre serán más poderosos que los productos sanos y de pequeñas porciones.

Para que un producto se vuelva indulgente debe tener un diablito dentro, que haga algo de daño; por ejemplo, aunque seas fanático de las manzanas verdes y te encanten, es muy difícil que amanezcas antojado de ellas. Las manzanas verdes y los brócolis verdes, así como todo producto 100% sano, no provocan ni seducen indulgentemente al cerebro, porque no suponen ningún riesgo.

¿Pero cómo haces indulgentes a las
sanas manzanas verdes?

Simplemente debes añadirles algo que le haga un daño reversible al consumidor, por ejemplo que lo engorde. Les podemos poner caramelo, maní y bastante chocolate, y en ese momento se volverán indulgentes.

Deja de investigar de forma tradicional a los consumidores: mejor aprende y conoce las profundidades de la mente humana y serás capaz de interpretar biológicamente su conducta, que esto te dará elementos que hará que vendas más.

No es casual que las manzanas con caramelo y nueces sean uno de los productos más vendidos en las ferias de Estados Unidos.

Veamos el ejemplo con los brócolis verdes

Supongamos que te encantan los brócolis verdes, ¿qué hacer para que se vuelvan indulgentes y por consecuencia seductores? Simplemente les tienes que echar algo que los haga dañinos, como queso Cheddar. Por eso es que invito a mis clientes dentro de la industria alimenticia a que sean muy prudentes cuando los consumidores exigen fuertemente productos *light* e indulgentes. No es malo darles nuevas opciones, ya que sí se puede vender algo nuevo; lo que no debemos hacer es transformar los productos líderes en productos *light* o reducir las porciones. Así como la innovación está en hacer el producto *light* y en porciones chicas, también debes ser consciente de que en muchas ocasiones funciona la estrategia de hacer los productos más grandes e indulgentes. Sin embargo, veamos un ejemplo del éxito de la bolsa de chocolates Snickers, con sus miniSnickers. Ellos han tenido un gran éxito en ventas.

Podemos ver este caso desde dos diferentes ópticas: la que te dice que a la gente sí le interesa comer Snickers en porciones más pequeñas, o la que te dice que la gente se siente menos culpable por comer más cantidad de Snickers, pero de una forma distinta. Al fin y al cabo es una trampa.

Los minis de Snickers han sido muy exitosos; es la mejor coartada para no sentirnos culpables. La trampa está en que terminas comiendo igual o más cantidad de calorías.

A LA MENTE LE GUSTA EL MISTERIO

Dentro de todas las culturas, y bajo estudios del comportamiento biológico, hemos podido observar que uno de los conceptos que más seduce al cerebro humano es el misterio. El misterio siempre vende, el misterio seduce, nos atrapa, nos hace ponerle más atención de lo normal al producto, concepto o servicio.

Por ejemplo, cuando conoces a un extranjero, te llama la atención, le pones más atención, lo observas, te intriga.

Esto ocurre porque simplemente carga con mucha mayor dosis de misterio que la gente local. Lo que hace que él sea mas seductor es que tú probablemente no sabes de dónde viene, cómo vive, no sabes cómo piensa...

El misterio es una estrategia muy efectiva para construir productos y marcas. El misterio hace a los grandes personajes. Sin misterio Elvis Presley no habría sido quien fue, Michael Jackson no sería quien es aún después de su muerte, y si piensas qué tan misteriosa es la historia de Cristo, entenderás por qué conecta tanto. ¿Despareció, era humano o no? ¿María Magdalena era su novia o amiga? ¿Quién lo traicionó? ¿Por qué no lo salvaron? ¿Cómo multiplicó los peces y el pan? ¿Cómo fue que su madre lo parió virgen? Etcétera.

En el caso de Kentucky Fried Chicken pasa algo curioso. Ellos tienen dos recetas, la clásica y la secreta, y las ventas de la receta secreta son mayores que todas las otras. Cuando se le pregunta a la gente cuál es la receta favorita que ordenan en KFC, ellos responden que la secreta, y una gran proporción jamás ha probado la otra. La gente escoge la receta secreta, no por ser buena, sino por ser secreta.

Coca-Cola es una de las marcas con más misterio de todas. Lo curioso es que, a pesar de que se ha podido probar que Pepsi tiene en muchos países los mismos componentes que Coca-Cola, no tiene por mucho el misterio que tiene Coca-Cola. ¿Acaso Pepsi no destapa caños, no desaparece un diente en tres días, no es negra? La fórmula secreta de Coca-Cola es la fórmula del manejo del misterio que provoca la mente del consumidor. Si los ejecutivos de Coca-Cola saben un poco cómo persuadir y seducir al cerebro, probablemente administran información para hacer que el misterio viva en nuestras mentes.

El misterio vende. Ahora preguntémonos cómo meterle misterio a los productos y a las marcas.

Les paso mis cuatro mejores tips que los ayudarán a construir misterio en sus productos o marcas:

1. No lo cuentes todo, solo cuenta lo necesario para que no mates el misterio.

2. Casi todo producto o marca tiene mitos positivos, descúbrelos y difúndelos.

3. Habla de la patente única y secreta, algo como: gracias a nuestra patente podemos... O: la competencia nunca ha podido descubrir cómo es que nuestro producto...

4. Usa el concepto de tierras lejanas: los chinos usan este producto hace décadas para lograr más eficiencia... La fórmula inicialmente se desarrolló en Alemania, pero luego se mejoró en nuestro país. Si tu producto o marca puede decir esto, utilízalo.

A LA MENTE LE GUSTAN LAS FORMAS REDONDEADAS

Hemos descubierto en nuestro neurolaboratorio en docenas de estudios en varios países que las formas orgánicas son mejor recibidas por el cerebro. Estamos programados para recibirlas con agrado y con más facilidad. La naturaleza está llena de formas curvas y no

rectas; la naturaleza casi no tiene vértices.
Por eso, si te dedicas a vender algún producto
alimenticio que tenga un envase con formas orgánicas,
curveadas, será mucho más aceptado por la mente del
consumidor.

Este modelo aplica para muchas categorías, pero no para
todas: si los refrigeradores fueran menos cuadrados,
serían mucho más conectivos para el cerebro.

¿Te has preguntando por qué la tecnología Apple seduce
tanto? Es porque ellos se preocupan de curvar más y
más las aristas de sus productos.

LA MENTE QUIERE
Y APRECIA LAS METÁFORAS

La mente no piensa en palabras, piensa en metáforas.
Por eso, enviar la comunicación de forma metafórica
siempre será más efectivo; no es casualidad que la Biblia
y los grandes documentos religiosos que han pasado por
tantas culturas, y por tantos años, estén escritas de forma
metafórica. La forma metafórica es la forma cómoda para
la mente. Además, la mente, al recibir algo metafórico,
concluye el mensaje de forma más completa y sabia.

Las metáforas no solo son más prácticas sino más
cómodas para comunicar en diferentes culturas.
Las metáforas pueden ser visuales o escritas; por
ejemplo, es mucho más efectivo decir:

-Hombre precavido vale por dos.

Que:
-Cuando una persona es precavida tiene más éxito en la vida.

Analicemos este pasaje bíblico:

—Es más difícil que pase un camello por el ojo de una aguja, que un rico pase al reino de Dios.
O:
—Una foto de un humano levantando el brazo representa para el cerebro más y genera más emoción que la palabra GANAR.
La metáfora que usa el producto de Clinique para quitar manchas de la piel es contundente.

CAPÍTULO OCHO

La diferencia entre investigar al consumidor y descubrir la mente del consumidor

> "La alegría de ver y entender es el más perfecto don de la naturaleza".
>
> —Albert Einstein

DEFINICIÓN DE *INSIGHT*

El poder o acto de ver en una situación: penetración, el acto o resultado de aprender o captar la naturaleza interna de las cosas o el acto de ver intuitivamente.

In (entrar, penetrar) + *sight* (visión)

¿Por qué vale tanto la pena lograr buenos *insights*?

¡Un buen *insight* es el mejor negocio! Un *insight* poderoso acelera tu éxito, un buen *insight* te ayuda a ganar tiempo y te evita el desgaste de implementación y el riesgo de inversión de implementar basado en la prueba y error.

Un buen *insight* no solo te diferencia de la competencia, sino que te aleja de ella.

Descubrir buenos *insights* es "EL" negocio del negocio. Veamos algunos ejemplos de *insights* poderosos que cambiaron la vida de algunos negocios:

Starbucks: El *insight* transformador para Starbucks fue el descubrir que la gente no quiere ir por café, la gente prefiere ir por la experiencia que le provoca el café. Por ejemplo: el aroma delicioso, la buena música, el buen sofá, la gente, las ocho diferentes sillas que tienen, las mesas con enchufes para trabajar, etcétera.

Apple: El *insight* transformador fue descubrir que la gente quería tecnología sencilla, modo fácil de usar y no quería hablar más de funciones.

Ikea: El *insight* transformador fue que sí podían lograr que la gente se inspirara, se imaginara su nuevo espacio y nueva forma de vida, que estarían dispuestos a comprar más y aumentar la disposición de cambiar de muebles.

Victoria's Secret: El *insight* transformador fue descubrir que toda mujer tiene momentos en los que se quiere ver, dentro de la intimidad con su pareja, como una prostituta, pero también quiere sentirse socialmente como un ángel. Por eso la tienda tiene muebles y decoración que nos remiten a un burdel fino francés del siglo XVIII, donde utilizan maniquís con cara de prostitutas refinadas para luego salir y posicionar unos ángeles hechos mujer.

Burger King: El *insight* transformador fue descubrir que la gente, cuanto más comiera comida sana, querría más hamburguesas, y que si piensas en comer hamburguesas, te darás el permiso de comértela bien y con todo. Así como la quieres. Por esto, la que verdaderamente seduce es la hamburguesa más grande con tocino y queso, todo muy seductor.

Como ven, un *insight* profundo es contundente, diferenciador y efectivo para el resultado final de la empresa.

¿CUÁL ES LA DIFERENCIA ENTRE INVESTIGAR UN *INSIGHT* Y DESCUBRIR UN *INSIGHT*?

Después de dedicarme tantos años a este negocio me he dado cuenta de que existe mucha gente que investiga *insights*, pero pocos realmente están comprometidos con descubrir *insights*, y hay una gran diferencia en el resultado final entre el que investiga y el que descubre.

Tú… ¿investigas o descubres?

Veamos un poco cuál es la diferencia entre investigar y descubrir.

Investigar *insights*: es un proceso intelectual, muchas veces mecánico, que se hace a través de preguntar, cuestionar, analizar a través de diversas técnicas. Tiene el reto de observar un comportamiento o necesidad del consumidor llamado *insight*.

Descubrir *insights*: descubrir es una pasión que te mueve y no te deja descansar hasta encontrar lo que buscas. Un descubridor nunca es conformista y no se deja sorprender con cualquier cosa. Cuando uno vive un proceso de descubrimiento, deja de ser mecánico y se vuelve orgánico, deja de ser mercadólogo para volverse antropólogo, pierde la noción de las horas dedicadas junto al consumidor; no tiene límite para entrevistar, observar y analizar a las personas. Es común que esta persona quiera entrevistar a más personas que las planeadas, que invierta horas estudiando desde diferentes ópticas los avances, vaya y venga entre los consumidores y los documentos, entre los libros y sus apuntes.

Un descubridor de *insights* profundos siempre demuestra que no tiene límite para llegar a ellos.

El que está comprometido con descubrir *insights* debe saber la diferencia entre investigar y descubrir.
El descubrir te hace apasionado, frío y exigente.
Para nosotros, amantes de nuestro trabajo y amantes de los procesos de descubrimiento de *insights* profundos, no cualquier *insight* nos seduce tan fácil, siempre creemos que hay un *insight* mejor que otro. Y no descansaremos hasta encontrar un *insight* que cumpla con todo y transforme una oferta.

Investigadores hay muchos. Gente que descubre *insights* poderosos y sepa seleccionarlos, son pocos.

"Razón por sí sola no basta".

—Carl Jung

Aprender a diferenciar la calidad de los *insights* ha sido difícil y me requirió mucho tiempo. Fue así como, a través del tiempo y la experiencia creada por haber trabajado con la gran mayoría de las Fortune 500, he tenido la oportunidad de aprender de ellos y de sus maravillosos proyectos y del alto nivel de exigencia que tienen todos estos grandes corporativos de marca. Realmente sé valorar entre un *insight* y otro.

¡NO TODO LO QUE PARECE *INSIGHT*...ES UN *INSIGHT*!

Solo imagínense lo que una empresa como Frito-Lay invierte para poder lograr el éxito, mejorar su participación de mercado y darle al mercado algo innovador y cosas nuevas cada seis meses. Me queda claro que no cualquier *insight* los hará felices. Además, no cualquier *insight* les dará el resultado efectivo que buscan.

Gracias a estos trabajos aprendí y me volví sensible a que no todo *insight* era poderoso, y debo aceptarlo, lo que yo creía que era un buen *insight*, para ellos no lo era en muchas ocasiones.

Por eso muchas veces entramos en conflicto con la gente que vende y que aún cree que el *focus group* funciona. Bajo una óptica de que cualquier cosa puede ser un buen *insight*, seguramente el *focus group* sí sirve, pero solo en un siguiente nivel de exigencia donde ya se deja de *snorkelear* para bucear con escafandra. Uno se da cuenta de que los pescados no son igual en la superficie que en las profundidades.

EL PELIGRO DE UN *INSIGHT* MEDIOCRE

Nada más costoso o peligroso que operar o transformar con un *insight* mediocre o malo. Le puede costar millones de dólares en pérdidas a una empresa trasnacional, además de deteriorar irreparablemente el posicionamiento de la marca, y en muchas ocasiones los daños pueden ser irresarcibles. Por eso soy un amante de los buenos *insights*, porque así como he visto que han quebrado empresas completas, he visto que han hecho imperios. Esta es la razón por la que las empresas como Procter & Gamble, AT&T, Kelloggs,

General Electric, Nike o Pepsico invierten millones y millones de dólares para encontrarlos.

"Cuando se trata de *insights*, la
emoción es más fuerte que la razón,
y el instinto es más fuerte que los dos".

CLASIFICACIÓN CATEGÓRICA DE UN *INSIGHT*

Para poder entender mejor que no todo *insight* es un buen *insight*, tenemos que empezar a entender que estos se pueden clasificar en tres diferentes categorías:

Superficial insight (superficial)

Es esa información que obtienes, que es conocimiento que no tenías del consumidor, cosas que no sabías por tu inexperiencia. Esto ayudará a que hagas mejor tu trabajo y a través de ello puedas ofrecerle una mejor propuesta al consumidor. Regularmente estos *insights* son muy funcionales y lógicos, pero poco emocionales e instintivos.

Under insight (debajo)

El *under insight* es algo que encuentras en la profundidad de la mente del consumidor, algo que puede hacer una gran diferencia en tu propuesta de valor y generar un diferenciador ante la competencia, ya que tiene componentes más allá de lo lógico y cuenta con poder emocional.

Deep insight (profundo) o Código

Es algo que está en la profundidad de la mente subconsciente del consumidor, algo que va más allá de los conceptos emocionales, que trascienden hacia lo biológico y simbólico.

Cuando un *insight* es *deep* (profundo) y contiene dentro de él componentes simbólicos y biológicos, puede cruzar ampliamente fronteras culturales y ser muy exitoso en muchos países. Toda gran marca global es operada con estos *insights*.

Un *deep insight* o *insight* profundo tiene la posibilidad de ser coronado como un código, gracias a su poder movilizador y diferenciador único.

> **"En los ochenta hablábamos un idioma funcional y servía, en el 2000 hablamos de emociones y también servía. Hoy si no trabajas con mensajes subconscientes instintivos simbólicos, es muy difícil lograr la atención del consumidor".**

Veamos un par de ejemplos para entender cómo el no haber encontrado un *deep insight*, o código, puso en peligro las ventas de estas marcas.

Ejemplo 1
Matar cucarachas

Problemática: una empresa productora de insecticidas decide hacer un estudio para entender por qué las mujeres no compraban su insecticida, para así luego aprender qué requieren del insecticida para aumentar su efectividad y vender más.

Los resultados fueron los siguientes:

Se utilizó la herramienta tradicional del *focus group* y en este se le preguntó a docenas de mujeres:

¿Qué es lo que quieren o buscan en su insecticida?

141

Hubo muchas respuestas, pero de forma concluyente todas llegaban a algo como esto:

"Queremos que acabe con todas las cucarachas, pero no es así, cuando veo una cucaracha la ataco inmediatamente con el insecticida y efectivamente se muere, pero luego sale una y otra más, y es así que jamás se mueren todas".

A tal comentario el responsable de innovación llegó a la primera gran conclusión: parecía que el insecticida era bueno, pero el problema trascendía más allá de matar una cucaracha, ya que el problema estaba en la gran cantidad de cucarachas que estaban lejos y concentradas en un nido. El insecticida no debe matar a la cucaracha solitaria de forma inmediata, sino debe impregnarle el veneno para que ella lo transporte y así cuando llegue al nido contagie a todas.

Este superficial *insight* o *insight* funcional superficial, no profundo, por un instante parecía espectacular para innovar el producto y la comunicación. La empresa invierte mucho esfuerzo y dinero en desarrollar el producto que todas ellas anhelaban. ¿Cómo lo hicieron? El químico tenía un componente contagioso que se activaba horas después de rociarlo y era así como se lograba contagiar y exterminar a todo el nido. La empresa relanzó el insecticida con una nueva promesa y explicación de ser un insecticida con resultados garantizados de exterminar a todas las cucarachas. Lo lanzaron, y a través de los meses efectivamente el producto mataba a todas las cucarachas y cumplía esa promesa funcional, pero no estaba logrando los resultados esperados.

El presidente de la empresa intuye que algo no está bien y solicita profundizar en el tema.

En ese momento se decide no trabajar con *focus group*, y contratan un equipo de antropología de mercados y psicología de consumidor que pudiera descifrar con más profundidad el caso.

Es cuando se descubren los *deep insights* o *insights* profundos que van más allá de lo funcional, cosas que trascendían el solo matar los animales y exterminarlos de forma efectiva a todos.

Lo que se descubrió fue que la mujer, más allá de querer matar los animales, estaba interesada subconscientemente en matar una por una a la cucaracha, porque disfrutaba verlas sufrir, agonizando o muertas con las patas para arriba en medio de las severas y mortales contorsiones provocadas por el veneno.

Este *deep insight* o código era el inicio de una conexión profunda subconsciente con las mujeres que en poco tiempo se traduciría en obtener un incremento en ventas y éxito.

La innovación consistió en lo siguiente:
Los ingenieros sabían que tenían que matar a todas las cucarachas, pero tenían que verlas sufrir previamente. Así que desarrollaron un veneno que no solo se activaba de forma contagiosa en el nido, sino que le agregaron otro componente picante que hacía que las cucarachas salieran del nido corriendo para ser más visibles a los ojos de las mujeres y lograr que se murieran sufriendo enfrente de la asesina feliz.

Imaginen por un segundo el placer que provocaba rociar el insecticida a una sola cucaracha para luego ver que docenas de ellas se morían a sus pies.

Es probable que los hombres que estén leyendo este caso solo entiendan una parte de este ejemplo, pero si usted es mujer lo entenderá perfecto. Entender el sentimiento frustrante que provocaba el no poder matar a estas horribles criaturas era muy serio. Sin embargo, el disfrute de rociar a una cucarachita y después de un par de horas ver sufrir y morir a sus pies diez o veinte cucarachas simultáneamente era lo que valía.

¡Las hacía sentir por primera vez Rambo!

Resumen:

Superficial insight:

Las mujeres decían que lo que querían era matar a todas las cucarachas, no solo a unas cuantas.

Deep insight:

El interés iba más allá de matar a las cucarachas. El motivo más poderoso era que no solo querían matar a todas las cucarachas, sino que querían verlas sufrir retorciéndose en el piso.

Más adelante explicaremos cómo con este *deep insight* o código uno puede innovar correctamente: les pasaremos un ejemplo de cómo llevar el *insight* profundo o código a un desarrollo con innovación para un envase y una nueva comunicación de marca.

EXISTEN TRES DIFERENTES *INSIGHTS*, UNOS MÁS PROFUNDOS QUE OTROS.

Desglosemos los *insights* para dejar claro que no todo *insight* es un poderoso *insight*.

Superficial insight (superficial): Las mujeres están frustradas por no poder exterminar las cucarachas con su insecticida, requieren un insecticida más poderoso.

Under insight (debajo): El problema va más allá de la cucaracha solitaria; el problema está en el nido, y si el veneno llega al nido acabará con todas.

Deep insight (profundo): las mujeres tienen intereses ocultos subconscientes que van más allá de matar cucarachas; ellas odian a estos insectos, por lo que tienen ganas de venganza. Más que matarlas, ellas quieren verlas sufrir, de preferencia contorsionándose con las patas para arriba.

Ejemplo 2

El juguete de regalo que viene dentro del cereal.

Problemática del caso: el costo y logística que trae consigo el regalar un juguete sorpresa dentro del cereal es muy alto. En esta ocasión se quiere valorar el beneficio por seguir regalándolo, y también estudiar el riesgo o afectación del mismo.

Superficial insight: se descubre que cuando los niños encuentran un juguete dentro del cereal son muy felices, y mamá y los niños deciden favorablemente por nuestro cereal y marca. Además, se descubre que el juguetito hace que el niño presione a mamá para volverlo a comprar.

Under insight: el juguete logra fidelizar al niño emocionalmente, vemos que al niño no le gusta comer pero sí le gusta jugar. El niño desea acabarse el cereal para recomprar el mismo cereal y así obtener un nuevo juguete.

Como ven, este *insight* es más interesante y poderoso que el otro. Sin embargo, existe un *insight* o código aún más poderoso.

Deep insight: descubrimos que la mente del niño es profundamente curiosa, y que debido a su edad y sus condiciones neurológicas disfruta intensamente del efecto descubrimiento. Para él, debido a su temprana edad, descubrir es vivir. Además, el juguete, por ser secreto, genera un halo de misterio, y esto lo conecta más allá del juguete. Por eso, después de descubrirlo, el niño ya no le pone más atención. El efecto se termina segundos después de descubrirlo.

Ordenemos el descubrimiento por importancia: Para el niño lo más importante es el misterio de qué se ganará (efecto piñata), luego el juguete y posteriormente el cereal. Como ven, la conexión emocional se da por la edad. Por eso el fenómeno siempre será más atractivo y relevante en la mente curiosa de un infante que en un adolescente.

Ojalá este caso le llegue a los altos ejecutivos de Kellogg's, para que vean algo más allá del ahorro o costo del juguete dentro de su cereal, y así regresen a este concepto tan poderoso y recordado por generaciones completas, pues aún hoy nuestra conexión subconsciente recuerda lo que sentimos al descubrir esos juguetes.

Como ven, si hubiésemos trabajado el caso solamente con *focus group*, es muy probable que nos hubiéramos quedado en un *insight* superficial. Los verdaderos *insights* o códigos transformadores van más allá de lo que vemos y de lo que nos dicen.

Ejemplo 3
Álbum coleccionable, coleccionar cartitas.
Problemática: nuestro cliente lograba muchos resultados haciendo campañas y promociones con elementos coleccionables o cartas para completar álbumes. Pero él

quería comprender la lógica de las emociones con respecto a lo coleccionable para lograr aún más éxito con esto.

Superficial insight: lo coleccionable genera un reto muy interesante para el niño. Esto lo hace querer comprar más y más.

Under insight: los niños se entretienen y aprenden coleccionando. Es una forma diferente de aprender, además de ser un reto y una carrera competitiva en su grupo. El acto de completar el álbum antes que otros lo hace sumamente atractivo.

Deep insight: coleccionar para los niños va más allá de juntar y poseer. Este acto aumenta su autoestima, porque genera seguridad y a través de esto descubren el poder de tener y conseguir por tener.

Además descubren que las fichitas, juguetes, cartitas coleccionables y el álbum lleno son un instrumento de admiración, poder y negociación con su tribu.

Para recordar: no todo es un *deep insight* o código.

Un *deep insight* o código trasciende las necesidades individuales y se resignifica en las necesidades colectivas. También vemos que todo *deep insight* tiene un alto componente instintivo biológico y se vuelve un poderoso instrumento social y de supervivencia.

"Después de trabajar con *deep insights* o códigos uno ya no escucha lo que la gente dice".

Cuando uno empieza a descubrir y a ver *deep insights* o códigos, uno se vuelve más exigente. El volverse más selectivo dentro del proceso de descubrimiento solo hará que tus estrategias sean más efectivas y logres tus crecimientos proyectados.

Cómo llevar un *deep insight* o código a la implementación e innovación exitosa

"Donde hay una empresa de éxito, alguien tomó alguna vez una decisión valiente".

—Peter Drucker

"Dado que su objetivo es crear clientes, una empresa comercial tiene dos funciones básicas, y solo dos: la mercadotecnia y la innovación. La mercadotecnia y la innovación producen beneficios, lo demás son costos".

—Peter Drucker

Con el tiempo a uno se le hace habitual descubrir *deep insights* o códigos. Sin embargo, el reto no termina allí, sino que empieza allí. Enlisto los problemas y riesgos que habitualmente aparecen cuando uno trabaja con *deep insights* o códigos. A continuación de cada problema describiré la solución, pero también les enlistaré los grandes beneficios que provoca el ser parte de ellos y usarlos.

ALGUNOS PROBLEMAS Y RIESGOS DE OPERAR CON *DEEP INSIGHTS* Y CÓDIGOS

1. Regularmente en las gerencias hay muchas personas detrás de los procesos de innovación. Hemos visto que, debido a los miedos, intereses personales y paradigmas gerenciales, son pocos los que llegan a capacitarse e interpretar este conocimiento e información. Por eso ellos no comprenden gran parte de los códigos y no tienen la confianza de los mismos. Esto también provoca que los pocos que logran entender y usar un *deep insight* sean vistos como raros o incomprendidos. Entonces se requiere liderazgo, estudiar para estar preparado y consciente de su poder, no solo para encontrarlos sino para transmitirlos e implementarlos.

Solución al problema

• Involucra a todos en el proceso de descubrimiento.

• Asegúrate de que se capaciten y que todos participen en el proceso.

• No les vendas el *insight* profundo, mejor haz que ellos lo descubran.

• No te preocupes por que entiendan a los investigadores; más bien preocúpate de que se hagan investigadores.

• Asegúrate de implementar con el *deep insight* o código para que ellos vean la bondad del mismo.

2. Implementar un *deep insight* o código no es difícil; es diferente. La profundidad de este hace y obliga a que el implementador sepa transmitirlo al consumidor a través de experiencias diversas de marca y mensajes indirectos.

Por eso crear metáforas con el mensaje es tan efectivo, ya que de lo contrario serán rechazados. Por ejemplo: si hicieras un comercial de TV en el cual le dijeras a las mujeres que compren tu insecticida porque se sentirán Rambo, seguramente sería absolutamente rechazado y un fracaso comercial. Un código se debe transmitir metafóricamente o de formas indirectas. De lo contrario, se puede volver un *boomerang*.

Solución al problema

• Los *deep insights* o códigos deben regresarse a la mente del consumidor en metáforas o símbolos.
• Es mejor entregarlo que decirlo.
• Vende sin vender. La mente agradece esto. Trata de no ser tan directo. Vender el significado y no el producto. Vende el beneficio y no el producto.
• La mente disfruta de encontrar el significado y respuesta a las cosas; tú solo procura mandarle información para que sea ella quien concluya.
• Asesórate o permite que te acompañen en un par de procesos con un experto metafórico, semiótico o publicista con experiencia en mensajes indirectos o subconscientes.

3. Regularmente los *insights* profundos o códigos parecen ser complejos y sofisticados, y esto te hace pensar que es difícil implementarlos. Pero esto es todo lo contrario.

Solución al problema

Si el *insight* profundo o código es complejo y sofisticado, no es un código. Estos *insights* son todo lo contrario: son muy básicos y en su simpleza radica su poder. Por eso debes tener claro que no debes complicarlos en la implementación. La implementación debe ser básica, sencilla, simple como él mismo.

Obtendrás grandes beneficios por usar e implementar *deep insights* o códigos

1. Serás visto como un profesional profundo que va más allá de la investigación tradicional. Por los últimos diez años he visto que los mercadólogos que entienden y usan *deep insights* trascienden en las empresas y logran avanzar en su carrera y en su profesión agresivamente.
2. El usar *deep insights* o códigos desnudará al consumidor y su mente, para que puedas no solo conquistarlo más rápido sino fidelizarlo.
3. Gracias a los *deep insights* o códigos podrás tener una oferta contundente, una promesa de valor diferente y poderosa, que te brindará posibilidades de incrementar tu *market share* de forma inmediata.
4. Un *deep insight* o código te abrirá la mente a nuevos caminos y posibilidades de crecimiento y a la extensión de marca.
El éxito de un *deep insight* o código no es encontrarlo sino implementarlo. Ahora explicaré con ejemplos prácticos cómo lograrlo:

Deep insight o código Abercrombie & Fitch descubierto
Por cuestiones psicobiológicas el joven requiere crear su propia identidad y por lo mismo le gusta todo lo que no les guste a sus papás.
Innovando bajo código al producto
Crear todo un portafolio con cosas que no les gustan a los papás (ropa arrugada, pantalones rotos, gorras sucias, camisas de vestir remangadas, etcétera).

Innovando bajo código al punto de venta

Crear una tienda que incomode a los papás; luz baja, saturada, llena de recovecos y, lo más importante, con la música muy pero muy alta, casi ensordecedora.

Interpretando las activaciones actuales bajo código

Coloca dos modelos semidesnudos con los pantalones caídos mostrando los bóxers, y luego invita a su hija a que se tome fotos con ellos.

Produce un libro promocional con esta actitud, lleno de fotos de cosas que no quisieras que tus hijos hicieran en la finca, como lanzarse al lago desnudos.

Como verán, implementar es muy fácil, siempre y cuando puedas pensar bajo código y estés dispuesto a hacer las cosas de una forma no convencional.

Ejercicio práctico de transferencia de un *deep insight* o código a innovación

En este ejercicio procuraré lograr que ustedes implementen un código o *deep insight* a innovación a través de este ejercicio:

¿Recuerdan el caso del insecticida?

Recordemos el *deep insight* o código descubierto: las mujeres no quieren solamente matar a todas las cucarachas, sino quieren verlas morir sufriendo a sus pies. Con base en este *deep insight* o código quiero que me digan cómo debe ser la innovación. Además, les complicaré aún más la implementación o innovación: solo pueden innovar el envase y la frase de comunicación en un póster. ¿Listo?

¿Les hago algunas preguntas?

Regularmente los envases de insecticida son... ¿Cómo?

153

¿Cómo debe ser el nuevo envase basado en el código?
¿Cómo harías el nuevo envase?
¿Cómo debe ser la forma, la tapa, el color, la etiqueta?

Escribe acá cómo debe ser la implementación del *insight* a la innovación:
¿Cómo debe ser la forma?
¿Cómo debe ser la tapa o el aspersor a qué debe parecer?
¿Cómo debe ser la etiqueta o imagen del envase?
¿Cómo debe ser la frase promocional?

Estoy seguro de que a estas alturas muchos de ustedes ya piensan diferente y verán la innovación de una forma distinta, debido a que a estas alturas ya aprendieron a codificar innovaciones de una forma subconsciente.
Ya para terminar les explicaré un caso de innovación bajo código que realizamos para un cliente que vende un líquido desatorador.

Caso de éxito
Innovando un desatorador con mala reputación
Problemática: El producto tenía mala reputación por su poca efectividad en el pasado, pero se trataba de una marca conocida y que, además, había cambiado la fórmula. Esta era muy efectiva y poderosa, y teníamos que rescatar esta marca y aumentar sus ventas.
Sin embargo, los consumidores no les creían y no le daban posibilidad de volverlo a probar de nuevo, ya que habían perdido toda la confianza.
El caso era difícil porque había que innovarla con su difícil realidad, junto a todos los fracasos de comunicación que se tuvieron en el pasado. Además, solo se podía invertir un monto muy bajo.

Insight profundos o código descubierto:
Descubrimos que cuando se trata de destapar caños,
el consumidor no tiene límites y desea no equivocarse,
está dispuesto si fuera necesario a utilizar el químico más
poderoso de todos, siempre y cuando dé resultados.

Cuando piensan en un químico poderoso desatorador de
caños, se imaginan algo peligroso, químico, corrosivo,
malo, similar al ácido sulfúrico, sin serlo.
Recuerda que tienes muy poco dinero para implementar
la innovación bajo el *deep insight* o código, ¿Cómo
recomiendas hacer la implementación?

Escribe acá cómo debe ser la implementación del *insight*
a la innovación:
¿Cómo debe ser la forma?
¿Cómo debe ser el envase?
¿Cómo debe ser la etiqueta o imagen del envase?
¿Cómo debe ser la frase promocional?
Y si tuvieras que añadir algo al producto o tuvieras que
recubrirlo con algo, ¿con qué lo recubrirías?
Si quieres saber las respuestas correctas de innovación
del caso, ingresa a: www.jurgenklaric.com

Como ven, innovar bajo código
no es complicado:
¡ES DIFERENTE!

Ahora estás listo para aprender mis diez principios
para poder leer la mente del consumidor, y entender
profundamente por qué la gente dice lo que dice y hace
lo que hace.

10

PRINCIPIOS

Para interpretar
correctamente
la mente del
consumidor
y poder innovar
exitosamente

Voy a compartir con
ustedes mis **diez
principios básicos** de
cómo interpretar de forma
**efectiva, diferente
y productiva** la mente
del consumidor.
A través de la última
década he
dirigido más de **500
procesos** diferentes
de investigación en
diferentes culturas
y países, sobre **cientos**
de diferentes categorías
y productos.

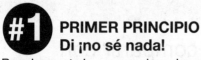

#1 PRIMER PRINCIPIO
Di ¡no sé nada!

Regularmente la arrogancia y el exceso de seguridad de los mercadólogos y publicistas y empresarios son sumamente nocivas para todo proceso de investigación.

En el sector empresarial, los gerentes y los mercadólogos son demasiado arrogantes y les cuesta mucho aceptar y absorber nueva información. Eso hace que no podamos ver las cosas de forma clara; pues siempre estamos poniendo nuestras experiencias, nuestros pensamientos, nuestros tabúes y paradigmas sobre lo que está pasando allá fuera. Por eso es tan importante que digas: no sé nada. Y empieces a abrirte a nuevas formas de hacer las cosas y de ver las cosas.

Nuevos postulados del pensamiento del nuevo mercadólogo investigador

Estos son los Nuevos Decretos del pensamiento del nuevo mercadólogo investigador que tú debes adquirir, que debes hacer propios para que puedas lograr un cambio radical en tu forma de ver, operar y sentir al consumidor:

1. No sé nada y tendré que ser humilde.

2. Estoy dispuesto a cambiar mi forma de ver las cosas y cambiar de paradigmas.

3. Reconozco y acepto que el 85% del proceso de decisión es subconsciente.

4. Observaré y analizaré bajo estos nuevos principios.

5. Acepto que los consumidores son personas, antes que consumidores, y su cultura y mente rige su conducta.

6. Seré ordenado, técnico y disciplinado dentro del proceso.

7. Entenderé que el consumidor no sabe lo que quiere y es por eso que miente.

8. La gente no sabe lo que quiere y no me dejaré influenciar por lo que me dicen. Y no llegaré a conclusiones superficiales por lo que dicen.

9. Diferenciaré claramente un código de un *insight* y así minimizaré el riesgo de innovar con un *insight* equivocado.

10. Entenderé y buscaré el motivo o parte instintiva por la cual la gente se conecta o se desconecta de las cosas.

Cambiar nuestros modelos y las formas de hacer las cosas no es fácil, aún más si llevas muchos años investigando a través del *focus group*. Seguramente no será fácil reaprender un modelo nuevo.

 RECUERDA: Es más difícil desaprender que aprender.

Es por eso que te pido que abras tu mente.

Recordemos lo que descubrió el profesor emérito de Harvard John Kotter: ¿Por qué nos cuesta tanto cambiar?

El estudio nos demuestra que, a pesar de aceptar que sí debemos cambiar, no es nada fácil ni cómodo salirse de la zona de confort para entrar a la zona de aprendizaje. Por eso cuando entras en una zona de aprendizaje es como entrar a una zona de pánico y así gastas mucha más energía y el cerebro instintivo de la sobrevivencia te dice: "¡No gastes tanta energía!". Sigue haciendo las cosas igual para que no gastes energía.

Por esta razón, te quiero recordar que si deseas ser un investigador más efectivo, tienes que entrar a la zona de aprendizaje con mucha pasión, mucha inspiración y con mucha fuerza; debes lograr restablecer el modelo investigativo que tienes. De lo contrario, seguirás en la mediocridad mercadológica.

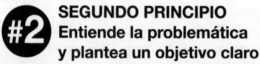

#2 SEGUNDO PRINCIPIO
Entiende la problemática y plantea un objetivo claro

Ocurre constantemente que en los procesos de investigación no dejamos claro ni entendemos cuál es el objetivo, cuál es la problemática. Por lo tanto, empezamos a investigar teniendo muchas problemáticas y muchos objetivos, y así vamos perdiendo el enfoque. Es muy importante que tu cliente y tú conozcan perfectamente la marca y a sus consumidores, y dejen bien establecido cuál es el objetivo investigativo de forma práctica y sintética.

Constantemente vivo experiencias de trabajo con empresas que creen saber qué es lo que requieren y qué buscan con el proceso. Sin embargo, al hacer un par de preguntas te das cuenta de que no les queda tan claro y en varias ocasiones hay diferentes planteamientos o metas entre cada integrante del grupo. Es indispensable que todos sepan qué se va a buscar y qué se va a activar.

No obstante, es muy delicado si tienes muchas cosas que buscar. Por esto debes tener bien claro que solo hay un objetivo y muchos subobjetivos:

- ¿Cuál es el objetivo primario?
- ¿Cuál es el epicentro de nuestro mercado meta?
- ¿Qué requerimos encontrar o saber?
- ¿Qué no podemos cambiar ni realizar?
- ¿Qué vamos a transformar con este descubrimiento?
- ¿Cuáles son nuestros limitantes en recursos económicos y humanos?

Cuando uno trabaja con herramientas expertas que obtienen más y mayor calidad de *insights*, uno tiende a perderse en el planteamiento inicial. Por eso debemos exigirnos ser claros y sintéticos en lo que requerimos para no perdernos en el proceso.

"Entender 🔍 claramente lo que buscas te ayudará a encontrar lo que precisas".

En el momento que el planteamiento del caso quede claro podrás comenzar correctamente el proceso.

#3 TERCER PRINCIPIO
Investiga bajo modelo científico

Por muchos años he observado que la gran mayoría de las empresas de investigación que usan técnicas tradicionales de investigación regularmente siguen este proceso:

1. Con la información de su cliente y la propia generen una guía o cuestionario con tópicos investigativos.

2. Luego el cliente la aprueba y la enriquece.

3. Reclutan a los que serán investigados.

4. Levantan la encuesta en tiempos récord.

5. Se capturan y se tabulan estadísticamente los resultados.

6. Se analizan y se llega a conclusiones y recomendaciones.

Supongamos que la encuesta se realiza con 280 o 1 200 personas y se tienen entre 15 y 50 preguntas en cada una. ¿Qué pasa si entre todas esas preguntas no están las preguntas necesarias, las preguntas clave?

Regularmente yo he visto que después de realizar preguntas cualitativas uno puede mejorar las preguntas cuantitativas. ¿De qué sirve tener tantas preguntas si las claves pueden no estar? Es por esto que nuestro modelo es diferente y más científico.

El modelo científico-investigativo

¿Qué significa modelo científico? Significa que primero debes generar una cantidad de hipótesis, para luego, a través de una tesis cuantitativa o cualitativa, refutar o aprobar dicha hipótesis. En el siguiente principio se explicará y profundizará de acuerdo con las hipótesis.

Es importante considerar que cuando se tiene un método científico sólido y efectivo uno puede tener universos de investigación mucho más reducidos. En Estados Unidos, en la gran mayoría de los estudios científicos que se realizan se obtienen los resultados de estudiar solo a 18 animales o 18 seres humanos.

Generar hipótesis antes de empezar el proceso es clave.

Muchas veces es mejor tener cantidad que calidad, porque cuando uno busca cantidad uno obtiene hipótesis más diferenciadas y que no son parte de un pensamiento regular; sin embargo, si no las tienes, y debido a que trabajarás en olas con los consumidores, investigarás, analizarás, refutarás y crearás nuevas hipótesis para la siguiente ola investigativa.

**Investigando y analizando
simultáneamente y en olas
funciona
mejor.**

¿Cómo funciona esto?

Funciona de lo macro a lo micro: les llamamos *olas*. En un primer momento, iniciarás con una cantidad amplia de hipótesis (regularmente, entras con cuarenta o cincuenta hipótesis). En la segunda vuelta o en la siguiente ola verás refutada entre 70% u 80% de las hipótesis. Pero simultáneamente habrás creado veinte más; entonces, tendrás treinta y pasarás así a la siguiente ola. Y cada vez tendrás más hipótesis refutadas y pocas aprobadas y así hasta que llegues a la última ola de validación.

Es importante que consideres que no importa cuántas hipótesis tengas: debes concluir en una a través de una tesis de aprobación del pensar y actuar de la mente colectiva del mercado, sus hábitos de consumo, su forma de pensar.

Mesas de análisis simultáneas acompañadas por multiespecialistas

Entre ola y ola, lo más recomendable es realizar una mesa de análisis donde se compartan, se presenten y se debatan los *insights* o el conocimiento encontrado, para que al ser compartido entre multiespecialistas se encuentren ejes comunes y profundidad en el conocimiento, y así generar más hipótesis para seguir adecuadamente con el proceso. Es muy recomendable que el cliente, el investigador, un antropólogo, sociólogo y psicólogo estén sentados en la mesa de análisis para crear sinergias adecuadas para beneficiar el proceso.

No es recomendable que el levantamiento se haga en una sola pieza, como regularmente se realiza. Así como en una carrera tomar aire te da más fuerza, en este caso el parar, estudiar, analizar, volver a estudiar y replantear las hipótesis y el caso solo hace al proceso mucho más fuerte.

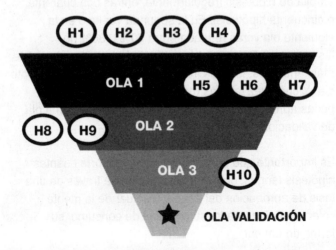

En esta gráfica podrás observar cómo uno va de lo macro a lo micro trabajando en varias etapas u olas, y así uno puede generar más mesas de análisis logrando mayor profundidad y entendimiento del caso.

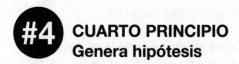

#4 CUARTO PRINCIPIO
Genera hipótesis

Cuando decimos: Genera hipótesis, nos referimos a crear planteamientos, pensamientos, ideas de qué es lo que está pasando o se está generando en la mente del consumidor. Existen hipótesis lógicas, hipótesis emocionales e hipótesis simbólicas. Recomendamos trabajar con las hipótesis simbólicas, ya que estas son las que regularmente quedan como el código o como un *deep insight*.

Ejemplo: Cuando trabajamos para una línea aérea y estábamos generando hipótesis, el equipo operativo y comercial de esta cadena tenía solamente hipótesis lógicas y no emocionales y menos simbólicas.

Hipótesis lógicas de qué es lo que lo conecta al consumidor cuando se trata de una línea aérea:
• La puntualidad y los aviones nuevos.
Hipótesis emocionales de qué es lo que lo conecta al consumidor cuando se trata de una línea aérea:
• La amabilidad, el confort, sentirse seguro.
Hipótesis simbólicas de qué es lo que lo conecta al consumidor cuando se trata de una línea aérea:
• Lograr: lograr llegar a cerrar un negocio, lograr llegar a la fiesta de matrimonio, lograr que tu hijo conozca Disney, lograr que puedas llegar a estar con la familia, etcétera.

165

Como ven, las hipótesis simbólicas regularmente superan la profundidad racional y la emocional, ya que tienen dentro de ellas componentes emocionales y componentes instintivos biológicos de logro, los cuales son fundamentales en toda vida reptil de todo ser humano independientemente de la cultura.

 RECUERDA: Debes estudiar no solo la marca, sino la categoría; no solo el producto y el servicio. Sí la categoría del producto y el servicio.

Por ejemplo, si trabajaras en un champú, en una marca de un champú, no pienses en la marca, piensa en la categoría del producto.

La mejor forma de generar buenas hipótesis es la siguiente: Debes convocar a todos los expertos de consumidor, marca y comercialización –porque si bien el consumidor, los comercializadores, publicistas y expertos de marca son básicos– para generar buenas hipótesis también debes tener antropólogos, psicólogos, gente que nada tiene que ver con el negocio y por esto les es más fácil pensar como consumidores.

¿Por qué es tan importante que estén ellos? Porque todos ven al consumidor de forma diferente y, seguramente, generarán, desde diferentes perspectivas, diferentes hipótesis.

En esta ocasión **cantidad** vale más que la **calidad.**

Es clave que se considere que toda opinión o hipótesis generada se respete y no se vea como una estupidez. Regularmente salen más hipótesis exitosas de las cosas más descabelladas que de las cosas inteligentes y racionales.

Un ejercicio que utilizo para liberar la mente simbólica de los asistentes es proponerles un concurso de quién genera más hipótesis simbólicas emocionales en un período no mayor a diez minutos. La cantidad es más valiosa que la calidad y así uno se libera más fácil de esa mente rígida y funcional. Después de hacer el ejercicio y debatir los conceptos que salen, se van formando excelentes hipótesis simbólicas.

En la calidad de las hipótesis está la calidad del resultado investigativo. Pero es muy importante considerar que es muy rara la vez que queda una hipótesis planteada en la reunión. Es gracias a las hipótesis planteadas como uno logra construir u obtener la aprobada. Por eso digo que la mejor materia prima del código es un buen ramillete de hipótesis generadas por todos los responsables y consumidores de la categoría que investigaremos.

QUINTO PRINCIPIO
Genera preguntas clave

**"La respuesta a cualquier
pregunta existe de antemano.
Necesitamos formular la pregunta
correcta para develar la respuesta".**

—Jonas Salk

167

En muchas ocasiones he descubierto que es más relevante la calidad de la pregunta que la respuesta.

El arte de hacer una buena pregunta abre caminos y nuevos horizontes de exploración. Si no tienes una buena pregunta, es imposible lograr una buena respuesta. Sin embargo, uno siempre obtiene buenas respuestas al realizar buenas preguntas. Este planteamiento es similar a:

¿Qué vino primero: el huevo o la gallina?

Por eso debes pensar calculadamente lo que preguntarás y cómo lo preguntarás para obtener así respuestas trascendentes.

EL ARTE DE SABER PREGUNTAR

Una buena pregunta prende la mente del entrevistado, abre compuertas nuevas y hace que la gente reflexione y responda con mayor profundidad. Una pregunta mediocre invita a una respuesta mediocre. Es una de las partes clave que determinará la calidad del proceso.

Por ejemplo:

1. Usa la pregunta: ¿Qué sientes?

Con regularidad los investigadores tradicionales preguntan: ¿Qué piensas de esto? Sin embargo, la palabra *pensar* no nos es útil porque implica al cerebro córtex, es decir, al cerebro racional. A pesar de que nos queda claro que la gente no puede racionalizar o expresar correctamente una emoción, sí se pueden lograr respuestas más profundas. Conviene preguntar qué

sienten las personas. No: ¿qué piensas de este yogur?
Sino: ¿qué sientes por este yogur?
El resultado es fascinante, verás que las reacciones son
distintas con solo cambiar la palabra *pensar* por *sentir*.

Veamos otro ejemplo:
¿Qué sientes por este país?
¿Qué sientes por esta computadora?
¿Qué sientes por el color negro?
O
¿Qué sientes cuando el personal de la línea aérea
te ayuda a alcanzar tu vuelo?

Otras preguntas exploratorias
Otras preguntas que te ayudarán a explorar y entender
mejor las emociones, los sentimientos y las conexiones,
con los productos y los servicios que tienen las personas
son:
¿Qué pasa si no...?
¿Qué tal si...?
¿Qué es lo opuesto a...?
¿A qué es igual, a...?

2. Estudia y analiza los miedos de la gente
En los miedos están los motivos más poderosos por los que
la gente quiere o no quiere un producto. No obstante, debes
tener cautela al preguntarle a una persona a qué le tiene
miedo. Porque la gente posee una negación instintiva al miedo.
Por consiguiente, debes explorar los miedos de las
personas de forma indirecta, nunca de forma directa. Por
ejemplo: Cuéntame una situación donde tú te sentiste
incómoda o débil por entender tal cosa... o por sentir
esto... o por hacer aquello.

Con un proyecto de consumo uno puede plantear la pregunta para descubrir el miedo y las emociones que lo conectan al producto.

Otro ejemplo:
• ¿Tú crees que alguien pudiera tener miedo a que el pan de molde desapareciera en el mundo?
• ¿Por qué crees que la gente tendría miedo a que desapareciera?

3. Habla en tercera persona

Cuántas veces vemos que los mismos amigos nos cuentan historias y utilizan la tercera persona, pero en realidad están hablando de ellos. Donde dicen: "Una vez a un amigo le pasó..." o " A mi prima le sucedió..." o "Él hizo esto". Hay una necesidad de contar una historia por medio de una tercera persona. Es más fácil decir la verdad sin ser señalado si hablas en tercera persona.

Por lo tanto, la forma correcta de preguntarle a una persona es...
¿Tú conoces a alguien que tuvo alguna vez un problema con una toalla femenina?

No le preguntes:
¿Tú has tenido alguna vez un problema con una toalla femenina?
¿Me puedes contar lo que le pasó a esta persona?
o
¿Tú conoces alguna mamá que no hace de desayunar a sus hijos?
¿Qué opinas de las mamás que no hacen de desayunar a sus hijos?

Es así como muchas veces lograrás que hablen de ellas sin hacerlo, y así ellas serán más transparentes y honestas en sus relatos.

4. Profundiza en las improntas

Recuerda que la impronta significa huella y por esto toda palabra tiene una impronta o recuerdo profundo en la mente de toda persona, y regularmente es diferente en todas las culturas. En general, tu cerebro sella o impronta casi al 80% entre los primeros ocho años de edad, y esto es lo que dicta tu condicionamiento emocional y de significado con todo el resto de tu vida. Las improntas son memorias que se sellan dependiendo de una alta emoción y experiencia vivida con el producto, el sujeto o concepto.

Por ejemplo:

Para mí, *durazno* significa abuela en la finca. Esto es porque mi abuela me pelaba duraznos por horas en la finca para que me los comiera más cómodamente.

Es bien importante preguntarle a la gente:
¿Qué es lo primero que recuerdas de…?
O
¿Qué es lo primero que recuerdas de la última vez que comiste un yogur?
O
¿Qué es lo primero que recuerdas cuando yo te digo la marca Ford?
O
¿Cuándo y cómo fue la primera vez que usaste un marcador fosforescente y qué sentiste?
Esta es una técnica que utilizo para activar las memorias de forma más profunda: Apaga la luz, pon una música

relajante, pídele que cierre los ojos y se relaje y respire profundamente de forma circular solo por la boca, por unos 3 minutos. Después, plantéales con la voz pausada la pregunta:

"¿Cuál es tu primer recuerdo de un durazno cuando eras niño?".

Lo que vas a descubrir será clave para plantear tu nueva innovación en comunicación. Si le evocas este recuerdo al consumidor, él se conectará de inmediato. En la gran mayoría de los casos si uno realiza correctamente el ejercicio, podrá descubrir que todas las historias o memorias que te cuentan las personas son distintas, pero todas tendrán un eje común o una estructura común. Cuando encuentres la estructura común habrás descubierto el inconsciente colectivo de la masa. Todo concepto o palabra tiene un significado común en el inconsciente colectivo de las masas. Eso sí, este significado probablemente cambia dependiendo de la cultura de las personas.

5. Logra un excelente *rapport*

Logra *rapport* solidarizándote con la falla del producto o del servicio: Una forma de explorar nuevos caminos y respuestas nuevas es simulando una experiencia negativa con el producto:

Por ejemplo:
Dice el entrevistador al entrevistado:
"Yo usé ese jabón una vez e hizo que me oliera el cuerpo, ¿a ti alguna vez te ha pasado algo similar?".

Bajo la óptica del investigador tradicional, esto solo
sesgaría la respuesta, pero yo siento lo contrario. Las
personas muchas veces son excesivamente positivas
con los productos, a no ser que hayan vivido una pésima
experiencia con alguno de ellos.

Que el investigador haga este comentario lo humaniza y
esto genera una solidaridad emocional para poder obtener
nuevos caminos investigativos.

Cuando las entrevistas son charlas de ida y regreso
siempre generan mayores reflexiones y profundidad. Una
pregunta cerrada generará una respuesta cerrada y esto
afecta la calidad de los *insights*.

6. Interpreta la respuesta gesticular
Cuando una pregunta es buena, es capciosa, esta logra
inmediatamente una excelente respuesta gesticular.

¿Qué significa esto?
Cuando estés listo a hacer la pregunta, concéntrate y pon
mucha atención en cómo va a reaccionar el rostro del
entrevistado, qué gestos y sonidos producirá: si va a hacer
un ruido, si va a hacer una mueca, si va a cerrar un ojo, si
va a mover la posición de las pupilas, si va a rascarse la
cabeza, si va a mover las manos, si va a tragar saliva o si
va a tocarse la quijada.

Las respuestas no están solo en lo que verbalizan
las personas; sino, también, en cómo reaccionan
gesticularmente ante ellas. Por esta razón, te recomiendo
algunos principios básicos de neurolingüística y lenguaje
corporal, que te sirven para interpretar cuándo la gente
está diciendo la verdad o una mentira. Y así interpretar las

palabras a través de los gestos. Recordemos que los gestos significan más de la mitad de la respuesta.

Es por esto que alguien te puede hacer sentir muy mal diciéndote buenos días o hacerte sentir muy bien diciendo "hola, Gordo".

7. Verifica la respuesta generando una nueva pregunta

¿Dónde lo guardas?

Cuando se trata, por ejemplo, de alimentos y de almacenamiento, de lo que está dentro de closets, de las alacenas, es importante preguntarle a la gente:

¿Dónde lo guardas? E ir donde lo guarda y observar si es cierto y cómo lo guarda allí.

Dependiendo de dónde guarda las cosas, puedes entender qué tan importante son esas cosas en su vida y cómo ellas juegan en equipo con las otras.

Una buena pregunta sería:

¿Por qué lo guardas allí?

Fotografiar te ayuda a encontrar similitudes con otros investigadores. De ahí que puedas entender el valor de las cosas, por el hecho de dónde son guardadas por la gente.

8. Pregunta el "porqué" del gesto

Así como la reacción gesticular brinda respuestas, preguntar el "porqué" de esos gestos intensifica y profundiza la respuesta que recibimos de las personas.

Por ejemplo, cuando a las mujeres les haces preguntas que las mueven emocionalmente, suelen suspirar o reírse; entonces, cuando tengan estas reacciones pregúntales:

¿Por qué suspiraste?
¿Por qué te reíste?

¿Por qué hiciste ese gesto?

Y en ese momento la respuesta será más profunda y poderosa.

9. Usa proyectivas

Las proyectivas han demostrado ser efectivas para entender las emociones. Por ejemplo la proyectiva: si no hubiera Nescafé, ¿qué usarías? De ese modo le das a la gente la posibilidad de imaginar cómo reaccionaría si al despertar en la mañana no hallara Nescafé. ¿Qué tomarías? De esta manera, obtendrás respuestas diferentes a una pregunta concreta.

Si Sony fuera un carro, ¿cuál sería? Si Fanta fuera un personaje de película, ¿quién sería? Y cuando te respondan cuál carro o qué personaje, le dices:

"¿Por qué?". "¿Cómo es ese personaje?". "¿Cómo reacciona?". "¿Cómo habla?". "¿Cómo piensa?". "¿Dónde vive?". "¿Quiénes son sus amigos?". En consecuencia, entenderás el poder de la marca dentro de la mente del consumidor.

10. Hazlos hablar de una forma básica

Otra manera eficaz de obtener respuestas esenciales es hacer que la gente se comunique de forma básica. Por lo general, la gente tiende a construir respuestas muy desarrolladas, pues están tratando de encontrar la lógica de las emociones. Sin embargo, dicha lógica no existe. De modo que procura que no vengan con cuentos y rodeos, porque eso te confundirá.

Una manera de lograr la comunicación básica es que le plantees el siguiente supuesto:

"Yo soy un niño de 7 años".

Ahora podrías preguntarle, por ejemplo:

¿Cuéntame cómo se come espagueti en tu país? Y cuando la respuesta esté complicándose, le dices:

"Recuerda, soy un niño de 7 años".

"Háblame con la simpleza que pueda entender un niño de 7 años". Por consiguiente, la gente se comunicará de forma más básica y más efectiva y nos dirán cosas más valiosas.

 RECUERDA: Hazlos hablar de una forma básica, sin tanto pensamiento, menos desarrollo y sofisticación.

PREGUNTAS PARA LA INVESTIGACIÓN B2B

En la investigación B2B, de negocio a negocio, también existen preguntas determinantes para recibir respuestas esenciales para generar un buen proceso de *insights*, de código y de innovación.

Por ejemplo:

¿Qué es lo más importante que has hecho por un cliente?

¿Cuéntame cómo se arruina el día de un cliente?

En algunas ocasiones, en vez de preguntarle al cliente: cómo hacerle un buen día o cómo ser buen proveedor; debes pedirle, pongamos por caso, que te cuente una historia de cómo le echarías a perder su día. Así, verás que cuando hablas resaltando el aspecto negativo, el cliente te dará respuestas más efectivas.

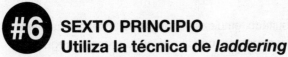

#6 SEXTO PRINCIPIO
Utiliza la técnica de *laddering*

El *laddering* es una técnica de la psicología clínica contemporánea (1960) también utilizada por los investigadores forenses y los investigadores privados.

La técnica consiste en cómo hacer de forma sistemática preguntas y contrapreguntas. Cuando tú preguntas, la persona responderá y allí inmediatamente debes realizar una nueva pregunta más inteligente que la primera.

Por consiguiente, es necesario que reacciones a alta velocidad, para que obtengas los resultados relevantes que generan las contrapreguntas.

En resumen, el *laddering* es la técnica que genera preguntas caracterizadas por la espontaneidad y nacidas de las primeras respuestas recibidas.

Pongamos por ejemplo:
El objetivo es descubrir el gusto por el chocolate en una persona. Comenzarías así:

Pregunta: "¿Por qué te gusta el chocolate?".
Respuesta: "Porque es rico".
Contrapregunta: "¿Qué significa rico para ti?".
Respuesta: "Algo que me hace sentir bien".

Así que vas avanzando y avanzando en la respuesta inicial buscando algo más esencial.

De nuevo preguntas capciosamente:
Contrapregunta: "¿Qué momento recuerdas con el chocolate que te hace sentir bien?".
Respuesta: "Los domingos con mi novio tomando chocolate".

Como resultado, empiezas a tener una historia más intensa, profunda y poderosa, que surgió en tu primera pregunta.

Contrapregunta: "¿Por qué crees que tomas chocolate los domingos?".
Respuesta "No sé, pero los domingos me da mucha ansiedad de empezar la semana y siento que el chocolate me da como estabilidad".

Entonces, descubres que te están diciendo que el chocolate significa:
"Controlar la ansiedad". Esto es algo que jamás hubiese salido con la forma tradicional de preguntar.
Sigue realizando más *laddering*:
Contrapregunta: "¿Recuerdas otra historia con el chocolate los domingos?".
Respuesta: "Sí, en la casa de los abuelos nos reuníamos los domingos con toda la familia y tomábamos chocolate juntos. Era como para arrancar la semana".

Debido a estas respuestas, entiendes que *chocolate* se relaciona con acciones como: reunirse con la familia y controlar la ansiedad para iniciar correctamente la semana. Por este motivo, los domingos en las noches, en muchas culturas, se toma mucho *chocolate*, porque el chocolate significa: control de la ansiedad, reunión familiar, comienzo de semana.

 RECUERDA: el *laddering* es un sistema efectivo para generar grandes respuestas, por medio de contrapreguntas rápidas, espontáneas, que surgen de la respuesta inicial de los entrevistados.

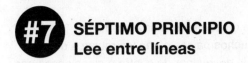

#7 **SÉPTIMO PRINCIPIO**
Lee entre líneas

¿CÓMO LEER ENTRE LÍNEAS?

Significa interpretar lo que la gente quiere decir, pero no dice.

Las personas dicen muchas cosas para envolver la respuesta, ocultando la respuesta real con respuestas lógicas, con palabras complicadas y demostrativas.

Sin embargo, soterradamente entre las frases, las palabras y las diferentes formas de comunicar, debes encontrar lo que te están queriendo decir.

Las respuestas elaboradas con ampulosidad y sin sentido ocurren debido a que el consumidor miente porque no sabe lo que quiere. En consecuencia, es importante entender por qué el consumidor hace esto.

Por lo tanto, el conocimiento básico de cómo leer el discurso, cómo dejar de creer en lo que te dicen y poder leer entre líneas radica en comprender la psicología de la mentira y realizar un análisis del discurso.

LA PSICOLOGÍA DE LA MENTIRA

¿Por qué la gente miente tanto?

Porque la mentira es un amortiguador social.
Pongamos por ejemplo a una madre. Si le preguntas a ella si le da de desayunar el fin de semana a sus hijos, regularmente responderá que sí. Si la madre dijera que no, en algunas culturas, ella podría sentirse un mal ser humano y, por lo tanto, una mala mamá. Así que ella te

va a decir que sí le da de desayunar a sus hijos.

Hemos visto en muchos países cómo las mujeres dicen hacer a sus hijos de desayunar de cuatro a cinco veces por semana. Luego, constatamos, entrevistando a sus hijos y preguntándoles cuándo fue la última vez que su mamá les dio de desayunar. Y obtuvimos una respuesta que difería de la verdad de la madre.

Por esta razón, es fundamental leer entre líneas; no hacer preguntas directas. Las mentiras son una forma de argumentar que uno está bien, que somos buenos seres humanos; además, también, son una estrategia de sobrevivencia o de poder ponerte a un nivel superior al de tu prójimo.

La hija de Sigmund Freud, Anna Freud, decía que la gente en realidad no miente, ya que no es consciente de las mentiras dichas. Por este motivo, la gente te cuenta historias que en apariencia no son ciertas; pero que son una argumentación que se origina en la parte subconsciente de la mente humana.

DIFERENTES CLASES DE MENTIROSOS

Los niños

¿Por qué mienten los niños? Porque descubren en las mentiras un sistema de dominación de su prójimo. Además, se sienten más inteligentes por mentir. Esto es porque el niño, entre los 5 y los 7 años, descubre que puede construir historias inteligentes que engañan. Debido a esto, somos la única especie sobre la faz de la Tierra capaz de mentir gracias al cerebro córtex, el cerebro racional.

La verdad y los borrachos

Son personajes que no mienten por su condición particular. Hemos descubierto por medio de neuroinvestigaciones que el alcohol duerme, o anula, el sistema de valores que está en el sistema córtex. En consecuencia, las personas empiezan a decir cosas que de repente no dirían si estuvieran sobrias. Así, un borracho podría decir que tú eres el hermano que nunca tuvo en su vida, aun cuando sobrio nunca lo diría. O aceptaría su enamoramiento, que en estado de sobriedad no confesaría.

Este desparpajo de los borrachos es el resultado del sistema de valores que se anula permitiendo que despierte el sistema emocional, que tiene la necesidad de comunicarse libremente. Por tal motivo, decimos que los borrachos dicen la verdad en casi todas las ocasiones.

Las mentiras en las personas del nivel socioeconómico bajo

Imagínate que a estas personas durante el proceso de investigación les damos entre 150 y 250 dólares como pago por conversar y comer con nosotros de una a tres horas. En muchas ocasiones ellos tienen que trabajar de dos a tres días para ganarse el mismo dinero; por eso se sienten comprometidos en decir cosas inteligentes, porque saben que les vas a pagar. Hasta en algunos casos hemos descubierto que ellos llegan a pensar que si no responden cosas inteligentes, no recibirán el dinero.

Sin embargo, no responden correctamente y empiezan a contestarte cosas ampulosas, creyendo en su humildad que la persona que los está entrevistando es muy inteligente y que no les dará el dinero si no responden cosas

181

inteligentes. Una prueba de esto es que algunos están hasta preocupados por vestirse bien en las entrevistas, para quedar bien. En fin, dejan de ser humanos reales, con emociones reales.

"Las personas se preocupan más por construir una

respuesta inteligente

y que los haga quedar socialmente bien, que por responder".

LA DIFERENCIA ENTRE LO QUE DICE LA GENTE Y LA VERDAD

La tarea del investigador es encontrar la diferencia exacta entre lo que dicen las personas y lo que hacen. Esto se logra al comprender el significado y la intención de la coartada inteligente.

Ilustremos el esquema anterior con el caso de la mamá que dice darle el desayuno a su hijo.

Dicen: "Le doy a mi hijo un desayuno todas las mañanas en casa". "El desayuno es lo más importante porque es nutrición". Lo que hace: "Le da el desayuno en el carro yendo para el colegio".

Entonces, entre lo que dice y lo que hace hay una gran diferencia, pero al entender la coartada tú puedes interpretar la acción real.

RECUERDA: en la realidad de la emoción y el comportamiento, están las oportunidades de innovación y generación de valor. Por eso debes buscar la explicación real de las acciones, los miedos y emociones.

LA ESTRUCTURA DE LOS CONTENIDOS

En todo relato o historia, en toda respuesta, hay muchos contenidos ocultos. Por eso es preciso dejar de ver los contenidos para empezar a leer la estructura de esos contenidos.

Si tienes una cantidad considerable de contenidos, en todos los casos de cosas diferentes, es natural que te preguntes: **¿De todo lo que tengo a qué le hago caso?**
No obstante, lo más apropiado es que no le hagas caso a los contenidos, sino que leas la estructura similar existente entre ellos, en la cual los contenidos se parecen porque te están queriendo decir lo mismo. A esto le llamamos "Matriz de singularidad", donde lo que vale no es lo que dice cada persona, sino en qué coincide cada persona. **¿un ejemplo?**

Análisis del discurso
Los verbos y los adjetivos, materia prima para entender qué nos quieren decir.

La forma más efectiva de leer o interpretar el discurso es separando piezas de las frases; en los verbos y adjetivos encontraremos el significado de lo que expresan, y así, entender lo que te están tratando de decir las personas. Analicemos, por ejemplo, la estructura de una frase que en

condiciones regulares y sin entrenamiento fuera muy difícil
entender el significado real de lo que te dicen.

A continuación te explicaré cómo debe ser la estructura de
esta frase:

"Yo me **acuerdo** de **cuando hacíamos** las chocolatadas en
la finca de mi abuelo. Con mis primos nos poníamos a hacer
chocolate, **uno le echaba un tizón,** un palo prendido con lo
que uno estaba cocinando, y eso **quedaba más rico,** eso me
lo **enseñó mi abuelo,** así **se hace,** él fue el que nos **enseñó
a hacer chocolate.** Y ahí mi abuelo **empezaba a contarnos
historias** de brujas, de fantasmas, de cosas así, y todos
ahí parados alrededor de la olla pendientes de que no se nos
fuera a regar".

> Esto lo dijo Ángel Sierra, de 26 años, y de nivel
> socioeconómico clase media baja.

Ahora bien, para analizar el significado de la frase, debes
separar los verbos para comprender su estructura y así
entender el significado semántico.

Por ejemplo:
"Mis primos" y "Estar **reunida** la familia" = Significa familia
extensa y fuerza tribal.
"Mi abuelo" = Significa sabiduría
"Un tizón, un palo prendido" = Significa pócima
"**Enseñó** mi abuelo" = Significa aprendizaje cultural
"**Contarnos** historias de brujas, de fantasmas" = Significa
misterio
"Parados alrededor de la olla" = Significa unión
"De que no se nos fuera a regar" = Significa juntos en
alianza apreciando el valor de lo sucedido.

En ese momento puedes entender que esta frase va más allá de lo que te está diciendo, y puedes interpretar la estructura:

"Unión familiar mágica".

Si en repetidas ocasiones los relatos de la gente, aunque sean todos ellos muy distintos, repiten que no están solos sino que están juntos, podrás confirmar la estructura: Unión familiar mágica.

De ahí obtenemos el entendimiento real del significado estructural y simbólico del chocolate de mesa. Para ser un filoso investigador, uno debe ser hábil en leer entre líneas, descubrir las estructuras.

A pesar de que todas las historias de la gente pueden ser distintas, la cultura y la biología comportamental hacen que las estructuras sean muy similares. Seguramente el chocolate de mesa en Dowtown Manhattan debe tener un significado y una estructura totalmente diferente que en cualquier ciudad en México o en Colombia.

Otro ejemplo de análisis semántico de las verbalizaciones

Utilicemos el caso del jabón de manos y veamos cómo todos los relatos pueden ser distintos, pueden tener contenidos muy distintos pero están basados en una sola estructura.

Esto es un caso real de un estudio realizado en Colombia y es posible compartirlo gracias al permiso de nuestro cliente.

Primera persona verbaliza:
"Recuerdo cuando salíamos de viaje y nos quedábamos en **hoteles de cinco estrellas en Miami;** en el baño había jabón de manos, **me gustaba, yo me lo traía** a Colombia".

Segunda persona verbaliza:
"Yo tenía un tío con **mucho dinero** y él **siempre que viajaba a Estados Unidos compraba** cajas de jabón de manos para sus baños de su hermosa casa".

Tercer persona verbaliza:
"**Recuerdo** que cuando iba caminando al colegio pasaba por una **tienda que vendía** esos jabones de mano en esa tienda donde compraba la gente **más rica** de la ciudad".

Si te fijas, cada frase es totalmente diferente, pero hay una estructura similar en ellas.
¿Cuál es la estructura?
La estructura y el significado de *jabón de mano* bajo estas verbalizaciones o lexías es:

"Jabón de manos significa riqueza, prosperidad".

Por tal motivo, el conocimiento de la estructura es la materia prima más importante para sacar el código. Sin embargo, cuando uno está lleno de estructuras, debe tener un método para jerarquizar y depurar la información. A continuación te explicaré cómo seleccionamos y depuramos la información.

 RECUERDA: Las cosas valen más por lo que significan que por lo que son.

#8 OCTAVO PRINCIPIO
Discrimina la información bajo principios neurobiológicos para así descubrir las improntas

El 80% del comportamiento humano se explica por ese poder biológico que todos poseemos y que hace que actuemos de forma particular, pero también de forma colectiva. Por otro lado, el 20% del comportamiento humano corresponde al código cultural. En conclusión, lo biológico permanece y condiciona el comportamiento de forma más contundente que la misma cultura.

La decisión es subconsciente

En nuestro neurolab (espacio dedicado a investigar la mente humana con tecnología clínica encefalográfica y medidores *eyetrackers*) hemos podido probar que el 85% de todo lo que haces y de todas las decisiones que tomas en tu vida son acciones y decisiones subconscientes.

"**85%**
del proceso de decisión
**de todo
en tu vida**
es subconsciente e inconsciente".

Nuestro conocimiento del cerebro humano nos permite entender y saber qué parte del cerebro es usada para situaciones o decisiones racionales y cuáles son para tomar decisiones subconscientes. Cuando digo subconsciente me refiero a cosas subconscientes e inconscientes en un solo bloque. Cuando hacemos la prueba a cientos de personas, de diferente género, edad y cultura, y les proyectamos o estimulamos con imágenes distintas como perfumes, computadoras, *software*, tractores, maquinaria, ropa, viajes, hasta imágenes de posibles novios o novias, vemos claramente con nuestra tecnología EEG cuáles zonas se activan y cuáles no. Gracias a esta información podemos garantizar y probar que toda decisión en la vida del ser humano es mucho más subconsciente que consciente.

Eso significa que cuando compras algo, eres solo consciente del 15% de tu decisión.

En el pasado creíamos que la gente era consciente de lo que compraba. Por eso promocionar y comunicar las funciones y los beneficios racionales de los productos y servicios era importante. Sin embargo, hoy entendemos que la gente compra las cosas de forma subconsciente. Por lo tanto, debes tener técnicas para poder interpretar el subconsciente del consumidor. Lo que no dicen, pero que es el motivo por el que te seleccionan o no.

 RECUERDA: el 85% del proceso de decisión es subconsciente. Esto significa que uno no sabe por qué compra las cosas y que las emociones y los instintos nos invaden y secuestran en el momento de tomar la decisión.

Todos tenemos tres cerebros

Conocer y manejar el principio de "Los tres cerebros" del doctor Paul D. MacLean, formulado en 1952, te cambiará la forma de observar al ser humano. Este principio fue la base teórica y científica para llegar a lo que hoy es y explica la neurociencia. Ya hemos dicho al comienzo del libro que este principio puede estar desactualizado, pero es válido porque explica de forma práctica cómo están acomodados los cerebros, de qué parte del cerebro viene la respuesta y de qué lado viene la conexión con la categoría. Gracias a este principio podrás comprender de forma práctica los motivos por los cuales las personas compran o no un producto.

CEREBRO CÓRTEX
[racional, funcional, analítico, lógico,
somos la única especie con este cerebro]
El cerebro córtex es el cerebro más joven y solo existe en los seres humanos. Es funcional, lógico y analítico.

Esto explica que cuando tú le preguntas a una persona por qué compra determinado yogur, te responda, regularmente, lo siguiente: porque el sabor es muy rico o porque estaba al 30% de descuento. En este caso, tenemos una respuestas lógica de un sentimiento emocional que es el sabor ("porque el sabor es muy rico") que tiene una justificación lógica ("porque estaba al 30% de descuento"). Por otro lado, responder a la pregunta de por qué una persona compra determinado yogur nombrando características como el sabor, sus beneficios en el organismo o del precio, no resulta ser la verdadera respuesta. Este cerebro es el que procesa las mentiras y trata de explicar y racionalizar las emociones que no pueden ser racionalizadas.

En el cerebro córtex se ubican los valores y es donde están de alguna forma esos grandes instrumentos de prejuicio que tienen los seres humanos por las cosas. De ahí que, cuantos más valores hay en el cerebro, más prejuicios tú tienes. En consecuencia, tú no respondes correctamente dando vía libre al sistema de mentiras alojado dentro de este cerebro. Debido a esto, y porque los hombres son más córtex que las mujeres, es que los hombres son más mentirosos que las mujeres.

Asimismo, el cerebro córtex es el único de los tres cerebros con la capacidad de generar verbalización o lexía de una pregunta. Por eso es que si le preguntas a alguien por qué compró ese carro, te podrá responder: "Porque me lo dieron a doce meses sin intereses". Esa persona habrá dado una respuesta racional que corresponde al 15% del motivo real del porqué compró el carro.

La verdad es que la gente no funciona por su razón sino por lo instintivo y lo emocional, que corresponde a sus otros dos cerebros.

Los hombres son más córtex que las mujeres porque este cerebro es más apto para cazar, ya que genera estrategias y construye e inventa herramientas.

En el cerebro córtex está lo racional, analítico, funcional, la lógica, los valores, la estrategia, la razón, solo por mencionar algunos.

CEREBRO LÍMBICO
[El cerebro de los mamíferos, emocional, donde están los sentimientos, sensaciones y miedos]
Así como los hombres se caracterizan por ser un poco más córtex que las mujeres, las mujeres se caracterizan por ser un poco más límbicas que los hombres.

Sin embargo, se ha descubierto que los grandes líderes y hombres exitosos del mundo son exitosos por ser más límbicos que córtex; son más emocionales que racionales y logran su liderazgo gracias a su poder emocional e intuición límbica.

Por otro lado, es interesante cómo las mujeres están muy ocupadas tratando de volverse cada vez más córtex y así administrar mejor sus emociones. No obstante, el poder real de las mujeres y lo que las hace tan líderes y efectivas son sus habilidades emocionales y límbicas. Por consiguiente, el que puedan manejar cada vez mejor los dos cerebros de forma simultánea, va a brindarles una ventaja competitiva amplia y liderazgo social a través del tiempo.

Es importante que sepan y consideren en sus procesos de análisis que el cerebro límbico no tiene la capacidad de verbalizar o generar lexías. El cerebro humano no tiene la capacidad de expresar literalmente las emociones que nos invaden. Por eso es tan difícil entender las emociones de los consumidores y se vuelve más difícil cuando uno quiere entenderlas racionalizando.

"Si el cerebro emocional no puede expresar cabalmente lo que siente, ¿qué le queda al **cerebro racional?**".

Por ejemplo:

Si te preguntara por tu color favorito y dijeras el rojo, y te volviera a preguntar ¿por qué el rojo?, tú podrías responder algo de forma racional, pero estarías tratando de racionalizar una emoción y lo que me dirías sería una mentira. Las emociones son muy difíciles de verbalizar. Lo mismo ocurre con los sabores.

Por ejemplo:

Si tú preguntaras:

¿Por qué te gusta más el sabor de Coca-Cola que el de Pepsi?

La gente regularmente dice: "por el sabor".

Entonces le preguntas: ¿por qué tiene mejor sabor que Pepsi?

Y te responderían probablemente algo como esto:

"Es que Coca-Cola tiene menos azúcar".

Entonces a través de *laddering* preguntas: ¿por qué te gusta que tenga menos azúcar?

Y probablemente respondan algo racional como:

"porque no quiero engordar." Si te fijas, la primera pregunta, incluso tratándose de sabor y sabiendo que los sabores se procesan en el sistema límbico y son de características netamente emocionales, el consumidor trata de justificar la preferencia de sabor racionalmente.

Así te darás cuenta de que cuando los consumidores no pueden expresar sus emociones, las racionalizan y hacen las respuestas inciertas.

Y cuanto más insistas en preguntarle al consumidor con respecto a sus emociones, ellos dirán sucesivamente un montón de cosas poco sinceras. No saber qué responder es un sentimiento muy molesto y por eso la gente necesita responder lo que sea, pero responder para verse socialmente inteligente. Esto explica que las personas necesiten una cantidad de coartadas suficientes para justificar sus acciones y lógica-ilógica emocional.

"Tenemos que aceptar que **somos** al mismo tiempo los seres más lógicos e **ilógicos**".

El cerebro límbico es miles de veces más controlador y poderoso que el sistema córtex. Si hiciéramos la analogía con un disco duro, el cerebro límbico tendría mil megabytes, mientras que el córtex tendría diez megabytes. Este sistema de memoria es muy poderoso, pues absorbe la información que es relevante para sobrevivir y para entender para qué te sirve y qué significa cada cosa en los procesos de decisión.

Una prueba de que tú tienes este cerebro y que es un sistema de memoria fascinante es lo siguiente: por ejemplo, si yo te pongo una canción, o te rocío con un aroma de un perfume o colonia que usaba alguien que te improntó con grandes experiencias, es probable que recuerdes y evoques a esa persona que ya no recordabas y que sientas por un instante como si estuviera frente a ti. Este sentimiento vivirá en ti hasta que regrese tu racionalidad.

Los fenómenos kinestésicos que entran a través de los cinco sentidos hacen que las memorias se graben y signifiquen sentimientos buenos o malos.

Por eso el sistema límbico es tan importante en el proceso de decisión.

Recordemos que en la mente o en la vida del ser humano no existen cosas buenas o malas, sino memorias del pasado que te hacen sentir que algunas cosas son buenas y otras malas.

CEREBRO REPTILIANO
[Instintivo, dominador, reproductor, el animal dentro de nosotros]

A diferencia del córtex que piensa y del límbico que siente, el cerebro reptiliano simplemente actúa. Es el único de los tres cerebros que no tiene restricciones y siempre gana. La particularidad de este cerebro es que lo conservamos desde los inicios de la especie y aún actúa y reacciona a fenómenos de sobrevivencia, de reproducción, dominación, defensa, y protección. Aunque es un cerebro instintivo muy básico y el más antiguo de los tres, es fundamental en la decisión de compra de todo producto o servicio.

Por tal motivo, cuando compras un producto, tu cerebro instintivo te está preguntando: "¿Qué tanto me va a servir ese producto para sobrevivir?".

Por ejemplo:

¿Por qué una mujer gasta 2 500 dólares en un bolso Louis Vuitton?

Porque un bolso así le permite ser aceptada y dominar socialmente, le otorga la defensa y blindaje dentro de un ámbito social difícil.

Un bolso de 2 500 dólares, te puede reducir las inseguridades subconscientes; o en nuestro caso, de no ser tan bella e interesante como sus amigas. Si te fijas, un producto como Louis Vuitton juega con los miedos y las emociones de la gente; al mismo tiempo que ofrece la sobrevivencia, la defensa y el poder dentro de los eventos sociales importantes.

¿Por qué un hombre recién divorciado compra por primera vez un *penthouse* y un Ferrari?

El reptil lo invade y la posibilidad de tener una mujer joven y hermosa a su lado, también.

¿Por qué crees que los dos juguetes clásicos favoritos de los niños son los soldados, los carritos y la pelota? Para un cerebro viejo e instintivo como el cerebro reptil, soldaditos es dominación, carritos es poder y velocidad y pelota es ser aceptado en la tribu o conseguir tribu social. Y podrán pasar cientos de años y aunque las cosas cambien, los significados de las cosas serán muy parecidos.

Por ejemplo, ya los niños no juegan mucho con soldaditos verdes plásticos, pero sí lo hacen con juegos electrónicos 3D con soldados más realistas que nunca.

¿Recuerdan a Zidane, el excapitán del equipo francés de futbol, en el Mundial de Alemania 2006? ¿Recuerdan que atacó a un jugador italiano que había insultado a su madre y a su hermana? Zidane tuvo una reacción gesticular parecida a la de un animal salvaje. El cerebro reptiliano de Zidane se activó, su instinto de sobrevivencia brincó, su instinto de protección sintió y reaccionó así: "Con mi tribu no te metes". Así que Zidane nunca racionalizó ni pensó, simplemente reaccionó y actuó.

Por eso decimos que emoción mata a razón, pero instinto mata a ambas. No obstante, el instinto es el motivo real por el que compramos las cosas, por el cual nos conectamos con los productos y los servicios.

 RECUERDA: el principio de los tres cerebros es la forma más útil para interpretar y analizar la información obtenida de por qué la gente te dice lo que dice y hace lo que hace.

"Cuando se trata de cuál cerebro es el más importante en el proceso de decisión, es tan simple como esto: emoción mata a razón, reptil mata a los dos".

LAS MEMORIAS Y LAS ACCIONES, LAS ACCIONES Y LAS REACCIONES

Entender cómo funciona el cerebro y el sistema de memoria es fundamental en la comprensión de los procesos de respuesta y de decisión. Además, nos permite comprender por qué las personas dicen una cosa y hacen otra. Por tal motivo condensaré mis aprendizajes de varios años y te explicaré, de una forma práctica y rápida, cómo funcionan: El cerebro humano es dos cosas: archivero y fábrica.

La mente es un gran archivero

El cerebro como archivero se relaciona con el sistema límbico –que es el sistema de memoria más importante que tiene el ser humano–. Este absorbe a través de los cinco sentidos e inicia un proceso brillante de almacenado de la información de manera subconsciente, dándole derecho de entrada a todo estímulo sensorial, todo el tiempo creyendo que algún día le pudiera ser útil para tomar decisiones y sobrevivir. En cambio, el córtex sí la juzga y la filtra. Por eso no retiene tanta información. De ahí que el sistema límbico sea mucho más protagónico dentro del proceso de decisión.

Además, el cerebro tiene la capacidad de decidir si la información que le está llegando le sirve mucho o muy poco. En ese momento sabrá cómo y dónde guardarla, dependiendo de la utilidad que le dará a ese tipo de información. La información que más necesites estará en los archiveros de adelante, por ejemplo. De ahí que basado en esa forma de ordenar las carpetas de memoria, tomemos decisiones en el futuro, en muchas ocasiones de sobrevivencia.

197

Y también es una fábrica

La mente es una fábrica de químicos variados. Cuando recibe un estímulo sensorial a través de los cinco sentidos, dependiendo del estímulo y el aprendizaje posterior al estímulo, decide qué químico y en qué cantidades producir y enviar rápidamente al cuerpo. Estos estímulos pueden ser positivos o negativos, o pueden generar reacciones de miedo, ansiedad, felicidad, amargura, dependiendo de la información previa.

Entonces, ¿cómo funciona esto? Dependiendo del tipo de estímulo, es absorbido y analizado el significado a través de memorias pasadas para ser entendido y decidir qué químico fabricar y enviar.

Es así como el cerebro fabrica y utiliza los químicos para crear sentimientos, reacciones y activaciones en el cuerpo. Así logra que tu corazón palpite más rápido o más lento. Eso es lo que se denomina *reacción fisiobiológica*, que podría conectar o desconectar al consumidor de un producto o servicio.

Hoy todo mercadólogo debe entender que nuestro negocio principal es lograr que los estímulos que construimos generen el químico necesario para generar la compra requerida. De lo contrario, no logran nunca el objetivo. Es acá donde descubro mi especialidad neuromercadeo o neuroinnovación, la mejor forma de lograr resultados para tus clientes.

LO QUE MUEVE AL REPTIL, MOTIVADORES REPTILIANOS

La función del sistema biológico de supervivencia o motivadores reptilianos es responder a cuestiones básicas de supervivencia. En la medida que tu producto o servicio satisfaga más las necesidades reptilianas, de forma simultánea este se conectará profundamente con los consumidores.

Estos son los códigos que más seducen al cerebro reptiliano:

1. Reconocimiento y *uniqness*
2. Placer y satisfacción
3. Control y orden
4. Pertenencia y aceptación social
5. Protección y seguridad
6. Autonomía y libertad
7. Exploración y descubrimiento
8. Familia, herencia y resguardo
9. Trascendencia y sobrevivencia del gen
10. Poder y dominación.

Estos motivadores reptilianos, instintivos, son poderosísimos para interpretar por qué la gente se conecta o se desconecta de forma instintiva a las cosas.

Pregúntate: ¿En tu categoría o marca, cuántos motivadores reptilianos satisfaces simultáneamente? En la respuesta a esta pregunta está el éxito de la conexión de tu producto con el mercado. Por eso es importante conocer los códigos, pues en la medida que tu investigación profundice en la inmersión con las personas, con los consumidores, interpretarás efectivamente qué te están queriendo decir.

Por ejemplo, ¿cómo un iPhone satisface a un motivador reptiliano? Porque al principio lo hacía único (*uniqness*), luego dominaba a sus amigos por tenerlo antes que ellos.

Finalmente terminaba amándolo porque permitía explorar, descubrir y resolver cosas gracias a su *software*.
Fue el primer teléfono móvil en darnos tantos motivadores reptilianos al mismo tiempo. De ahí su éxito reptiliano.

> **"En muchas ocasiones he visto que venderle al cerebro instintivo es más poderoso que las razones y emociones".**

DECODIFICANDO Y VENDIÉNDOLE AL GÉNERO

Ya hemos dicho que la publicidad más efectiva es la que está creada y dirigida a un género (masculino o femenino) específicamente. Lo mismo pasa en procesos comerciales B2B. El discurso comercial o de venta debe ser creado según el género.

Es vital que entiendas que a los hombres y a las mujeres debes comunicarles cosas diferentes, valores diferentes, para lograr tu objetivo.

Antropología visual
para entender el género

La antropología visual se dedica a entender la conducta y trascendencia humana a través de fotografías sin necesariamente hablar con nadie, sino observando profundamente las actividades y reacciones de los seres humanos.

Veamos este caso:

Tomamos docenas de fotos desde las azoteas hacia los patios de los colegios en los recreos y también en otros ámbitos sociales públicos como centros comerciales y la calle. El objetivo era entender cómo se juntan las mujeres y los hombres y qué tipo de acciones se dan entre ellos. Encontramos un patrón de cantidad que se repetía: las mujeres se juntaban de tres en tres y los hombres de dos en dos.

Luego y a través de entrevistas psicoantropológicas, descubrimos que para las mujeres es más conveniente juntarse de tres en tres porque una siempre está en algún conflicto con otra y una de ellas hace de moderadora. Sin embargo, los hombres se ven complicados con el tercer amigo y se juntan mas comúnmente de dos en dos.

También descubrimos que las mujeres conversan principalmente de temas para aprender: la belleza, tips y asesoría entre ellas de belleza, la crianza de los hijos, el cuidado del pelo, el cómo solucionar un problema amoroso o el mejor lugar para comprar.

Por el contrario, los hombres no se preguntan esas cosas; regularmente, los hombres se juntan porque tienen necesidad de presunción y dominación. ¿Cuándo has visto que un hombre le pregunte al otro dónde se corta el pelo para ir al mismo lugar?

En consecuencia, ellos se encargan más de presumir. Se juntan para hablar de presunciones; por ejemplo: el negocio que hicieron, la novia que tienen, qué le hicieron a la novia, el viaje que le dieron a la esposa, el carro que van a comprar.

Los hombres son más presumidos que las mujeres y eso hace que la forma de charlar y juntarse sea totalmente diferente. Sin embargo, es interesante y muy noble por parte de la mujer, que se reúne a aprender.

En conclusión, la diferencia entre hombres y mujeres estriba en el cerebro córtex y límbico, respectivamente. Y debido a las estructuras diferentes entre hombres y mujeres, hablamos el mismo idioma, pero no nos entendemos. No obstante, la pregunta es:

¿Por qué estamos juntos?

Porque el cerebro reptiliano es nuestro denominador común y exige la satisfacción de necesidades como el resguardo, la tribu, el sexo, la protección. Lo genial de esto es que mujeres y hombres somos complementarios para los escenarios de supervivencia. Por eso la gran mayoría busca la complementariedad para hacernos la vida y la supervivencia un poco más fácil.

EL PODER DE LAS IMPRONTAS

Las improntas son los recuerdos profundos sellados en la mente, las huellas que tenemos en el cerebro. Dependiendo de las improntas que tengas de cualquier categoría o producto, decidirás tu conexión emocional por el resto de tu vida.

¿Cómo se dan las improntas? Las improntas se dan a lo largo de la vida. Sin embargo, entre los 0 y 7 años ocurren las más importantes. La razón es que cuando eres un niño tu cerebro es muy joven, blando y está ávido de recibir información para ir madurando y enriqueciéndose con información, que te servirá para tomar decisiones en el futuro.

También, en la juventud y en la adultez se dan improntas; sin embargo, las que más rigen nuestra vida son las de la niñez, que en muchas ocasiones ni las recordamos, pero allí están bien activas dentro de la mente humana.

Una impronta se da por la experiencia y emoción que has recibido. Cuanto más profunda sea la emoción y experiencia, más se sella la impronta en el cerebro. Por eso es tan difícil borrar una impronta, sea esta positiva o negativa.

Tipos de improntas

Existen tres clases de improntas principalmente para fines de interpretación del consumidor: las improntas primarias, las improntas significativas y las improntas recientes.

Las improntas primarias

Se dan en la niñez. Por ejemplo: ¿cuál es tu primer recuerdo con el café cuando eras niño? La respuesta puede ser, por ejemplo, despertar en el campo junto a mi abuelo. Entonces, puedes darte cuenta de que el café para esa persona significaba y significa aún campo y abuelo. Si hicieras un anuncio de televisión y le pones una imagen del campo y un abuelo, él va a recordar positivamente el momento y querrá ese café. O cuando le pongas la imagen del café humeante recordará al abuelo y el campo.

Las improntas significativas

Las improntas significativas son aquellas más superficiales, pero que cambian a la impronta profunda levemente. Cambian con el tiempo. Por ejemplo: "Gracias al café, yo podía terminar de hacer mis maquetas cuando estudiaba arquitectura". Eso es algo significativo. Para él, *café* significa trabajar períodos largos o jornadas largas de horas. Ese es el contenido de la impronta significativa.

Por consiguiente, la pregunta más relevante es saber si esta impronta significativa puede ser más poderosa que la impronta primaria. Y la respuesta sería que en la mayoría de los casos no es más poderosa una impronta primaria que una significativa.

Las significativas modifican, pero no se establecen tan poderosamente, pues se han recibido con menos emoción y experiencia, y probablemente a una edad fuera de la niñez.

Las improntas recientes

Son las improntas que se dan en el presente inmediato del consumidor. Por ejemplo: ¿Cuál es tú recuerdo último o reciente del café? Podrías decir: "Una mujer hermosa", ya que te tomaste anteayer una taza de café con una mujer hermosa. Por lo tanto, café significa mujer hermosa por ahora, pero esto es volátil o temporal.

También existen otro tipo de improntas, como la impronta caótica que desequilibra el orden. Por ejemplo: ¿Cuál es tú recuerdo más fuerte, más caótico con el café? Te podrían decir: "Cuando se me cayó el café en la mano y me quemé durísimo; mire esta cicatriz en la mano que me quedó por el café". Café significa quemadura y probablemente borró la idea de campo y abuelo.

Es muy complicado cuando una marca le hace daño al consumidor, porque es casi imposible restablecer una impronta con valor negativo. Esto explica por qué el primer recuerdo es generalmente el que siempre vive en nosotros.

 RECUERDA: Debes explorar los primeros recuerdos de las personas pues ahí están los conectores emocionales más importantes con la categoría.

El nuevo *marketing* consiste en construir improntas poderosas en las categorías, los productos y los servicios.

Si te pido que pienses en la imagen de las Torres Gemelas en llamas y derrumbándose, independientemente de que este hecho haya ocurrido hace más de una década, provocó tal emoción y experiencia en nosotros, tan única y auténtica, que puedes recordar dónde y con quién estabas y qué estabas haciendo en ese momento.

La imagen fue poderosa. Fue la imagen la que generó la impronta tan profunda e indeleble en el cerebro.

En cambio, si te mostrara un suceso que fue más terrible, donde murió más gente y que fue aún más traumático que lo ocurrido en World Trade Center, como fue el *tsunami* de Japón, no recordarías dónde estabas cuando lo viste por primera vez, pese a que ocurrió hace menos tiempo. Por lo tanto, no recuerdas muchas cosas porque lo ocurrido no te generó un impacto.

¿Por qué no te generó un impacto? ¿Por qué tu cerebro no tuvo la capacidad de imprimir la impronta con tanta fuerza? Porque el cerebro ya había visto imágenes similares de este tipo y tú ya sabes cómo funcionan los *tsunamis*. Además, en otras ocasiones has visto un *tsunami*. El crear una imagen creativa o una metáfora única, nueva para el cerebro, hace que sea tan recordada y se establezca tan profundamente en el cerebro.

 RECUERDA: es importante crear imágenes únicas, especiales, auténticas, para que el cerebro las guarde y las imprima como información significativa.

Por medio de otros ejemplos se evidencia cómo funcionan las improntas, los recuerdos y la activación. También gracias a esto, se entiende cómo el cerebro se conecta con algunas cosas y con otras no. No es únicamente un asunto de creatividad, sino de enviarle la información al cerebro de cosas que no ha visto y esté interesado en verlas, porque le sirven para sobrevivir. Este es el principio de por qué cuando hay un accidente en la carretera es casi imposible dejar de mirar qué pasó. No es por morbo, sino porque tu cerebro requiere asimilar qué pasó para que no te pase y sobrevivas.

Pongamos el caso de la maquinaria industrial de construcción como retroexcavadoras, aplanadoras, etcétera. Ahora piensa en la marca Caterpillar. Te pregunto: ¿Estos aparatos de construcción de qué color son generalmente? Y tú estás probablemente pensando en amarillo. Esta maquinaria industrial, independientemente de las marcas que existan afuera, significa amarillo.

Sin embargo, supón que vas a hacer una empresa que rentará estos aparatos, pero quieres que te reconozcan y que diferencien tu marca y tu concepto ante la competencia, puesto que existen varias empresas que ofrecen lo mismo que tú. Tu deseo es que la gente detecte tu empresa como una trabajadora incansable, que posees, además, un importante equipamiento; pero lo que más deseas es que la gente, al observar la maquinaria, sepa que son tuyas y que tienes muchas.

Entonces, ¿qué haces tú? Pues bien, agarras una Caterpillar, que es amarilla, y la pintas de color rosa (precisamente el color más alejado de esta categoría). Y de esta manera, la gente que vea tu maquinaria te recordará. La gran pregunta es si esto solo hará que te recuerde, o si también generará una percepción de no seria o débil por el color. Que te vean y recuerden no necesariamente deberá convertirse en más ventas. Sin embargo, si tu objetivo es que descubran que existes y que tienes muchas, aunque no poseas un número elevado de máquinas, lograrás que la mente sí crea que tienes muchas y lograrás tu objetivo.

 RECUERDA: envíale al cerebro mensajes fuertes a los que no esté habituado, o de los que no tenga información, para que genere una nueva carpeta que ponga en primer lugar en su archivero y pueda utilizar en el proceso de decisión.

#9 NOVENO PRINCIPIO
Depura y jerarquiza los *insights*

El noveno principio es sumamente importante Considerando que estás lleno de *insights* y códigos poderosos, ¿cómo haces para decidir, entre toda esta valiosa información que tienes, con cuál te vas a quedar para empezar el proceso de innovación o de comunicación?

Requerirás una técnica o un modelo para determinar qué es lo más importante, qué es lo más atractivo y lo más relevante de manera simultánea.

LO ATRACTIVO Y LO RELEVANTE

En la vida hay cosas atractivas que te llaman la atención, pero también hay cosas relevantes, cosas que son trascendentes. En muchas ocasiones lo atractivo jala muy fuerte a la mente humana. Pero en otras, es más importante lo relevante que lo atractivo. Para que un *insight* pueda categorizarse como código, debes entender que en el balance y fuerza simultánea de lo atractivo y lo relevante está el poder real y la consiguiente jerarquización. Algo atractivo puede ser más llamativo pero no tan poderoso, y algo relevante puede ser muy necesario, pero poco atractivo. Esto lo dicta tu cultura, tus improntas y tu edad.

En la medida en que tú puedas encontrar *insights* y conceptos que sean tan atractivos y tan relevantes al mismo tiempo, vas a poder entender que es ahí donde está la gran oportunidad de innovación.

Atractivo: Valor de atracción y diferenciación que ejercen en el *target* los elementos que proyecta una marca: ¿Me llama la atención?

Relevante: Función que cumple una marca de acuerdo con las necesidades y experiencias más significativas del *target* o grupo objetivo: este tiene un fin de orden cultural y social. Lo que dice ser importante para ser feliz y exitoso en la vida.

Por ejemplo, leer es algo muy relevante para un estudiante, pero no es atractivo. Veamos…

¿Por qué los padres insisten tanto en que los jóvenes deben leer en el bachillerato?

Porque los padres saben de forma aprendida que quien lee mucho tiene mucho conocimiento y puede sobrevivir más fácil.

Leer puede ser muy relevante para un chico joven pero no es atractivo para la gran mayoría; él no se siente atraído a hacerlo. Pero si el libro le enseña cómo conquistar mujeres, puede ser que a esa edad sí se vuelva atractiva y relevante de forma simultánea.

Y en el momento en que la lectura va a llamar su atención, porque de ser algo relevante se vuelve atractivo y relevante, se cambia su conexión a una concepción biológica de supervivencia. Por eso debemos entender que la fórmula de conexión categoría *versus* segmento es atractiva y relevante de forma simultánea.

¿CÓMO GRAFICAR LOS *INSIGHTS* ATRACTIVO Y RELEVANTE?

Primero hay que decidir solo un par de códigos o red de *insights*, porque no pueden implementarse todos. Decidir cuál de ellos va a ser el ganador no es tarea fácil. Para ello debes hacer una matriz con cuadrantes cartesianos con cuatro ejes distribuidos, tanto arriba como abajo, con valores de menos y más.

En uno de los ejes ubicas de menos atractivo a más atractivo, y en el otro de menos relevante a más relevante.

Plano arriba izquierda: Lejano
Plano arriba derecha: Trascendente
Plano abajo izquierda: Invisible
Plano abajo derecha: Incomprensible

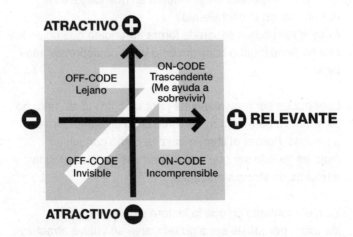

Fuente: "Brand is contextual: Diet Coke in Mexico", en www.slideshare.net/dianhasan/mindcode-credentials-nov-2010

Debes preguntarte, entonces, en qué cuadrante está el *insight* descubierto, ese que consideras el más poderoso. Con el tiempo, podrás realizar este ejercicio de forma automática.

Lo atractivo y lo relevante en Coca-Cola

Hace muchos años se lanzó Coca-Cola de dieta en México, uno de los países donde más se consume Coca-Cola en el mundo. Se realizó una buena cantidad de *focus groups* para valorar el lanzamiento. Se asumía que la Coca-Cola de dieta tendría un éxito radical debido a los alarmantes niveles de obesidad.

Se le preguntó a docenas de mujeres si les gustaba este producto y si estaban dispuestas a tomarlo.
−Ellas lo probaban y decían: "Muy rica.
¿Y eso no engorda?".
−"No, no engorda".
Luego seguramente pensaban: "Esto es muy bueno para mí: sabe igual, vale igual y no engorda".

Sin embargo, cuando Coca-Cola lanza este producto ocurre un fenómeno social y cultural muy particular, aunque no tan particular para la época y cultura de los habitantes de este país. Coca-Cola de dieta fracasa seriamente, a pesar del buen resultado que tuvo en los *focus groups*. Analicemos qué pasó.

Ubiquémonos en tiempo y cultura: El concepto de comer o tomar productos de dieta, hace diez años, significaba culturalmente enfermo y gordo. Solamente los enfermos y gordos hacían dieta, la gente normal y sana, no.
Por tal razón, cada vez que una mujer, en medio de sus

amigas, pedía Coca-Cola de dieta, ellas se sorprendían y le decían: "¿Qué pasó, Lucita?... Si tú no estás gorda. ¿Por qué estás pidiendo Coca-Cola de dieta?" Y su obesidad o gordura se convertían en la charla de todas las amigas, por lo que ella pensaba: "Qué molesto es esto, cada vez que pido Coca-Cola de dieta, la gente me ve como gorda-enferma o como enferma-gorda".

La mujer no se sentía gorda hasta que pedía una Coca-Cola de dieta. El sentimiento social era más relevante que el valor dietético de la bebida. Así fue como Coca-Cola sacó del mercado su versión *diet*. Coca Cola Diet grafica en el cuadrante superior izquierdo y no en el superior derecho, y es allí donde estaba la oportunidad.

En consecuencia, los ejecutivos se preguntaron: "¿Cómo hacemos para que el pueblo mexicano acepte la Coca-Cola Diet?". Y llegaron a la conclusión de que no podía llamarse *diet* sino *light*.

Mientras *diet*, significaba gordo y enfermo, *light*, significaba joven, dinámico, moderno; todo lo contrario a gordo y enfermo. Con borrar la palabra *diet* y poner *light*, y relanzar el producto con imágenes de gente joven, dinámica y moderna, estas mujeres se reconectaron con la Coca-Cola *light*, que volvió a ser el líder de los productos *light* en México.

Esto es para que veas qué importante es entender que un producto debe ser atractivo-relevante simultáneamente y que los *insights* y códigos están obligados a serlo también.

Por lo tanto, si tienes que hacer una campaña o una innovación para un mercado específico *target*, debes tener claro qué es atractivo-relevante, y qué es simplemente atractivo o simplemente relevante.

Ejemplo 2: Explicación de por qué los comerciales de TV de deportes extremos fracasaron a principios de 2000. Perfil de mercado a estudiar: Clase media, edad 18 años, género masculino, cultura norteamericana.

Lo atractivo y relevante:
Caso *bungee jump* vs. el beso

El primer concepto, *bungee jumping*, pasión de deporte extremo *versus* el segundo que es un beso apasionado o pasión sexual.

El primer caso, pasión de deporte extremo, para un joven de 18 años, puede ser muy atractivo, porque quiere vivir la aventura, verse interesante, valiente, atrevido.

Ahora te pregunto: ¿Lanzarse en el *bungee jump* es atractivo, relevante o atractivo y relevante simultáneamente? En este caso solo es atractivo, pero no relevante ni atractivo y relevante, ya que si este chico de 18 años se va el fin de semana con sus amigos, se lanzan todos del *bungee jumping*, se divierten y regresan a casa sanos, probablemente hablen del tema dos semanas pero no le cambiará la conducta y la emoción no perpetuará más de 24 horas.

Con la ayuda de un plano cartesiano puedes graficarlo: es muy atractivo, pero poco relevante. Por lo tanto, es importante hacer que el concepto que tienes no grafique en este cuadrante, sino que grafique en el cuadrante de atractivo y relevante.

Pero veamos un beso apasionado, y con el mismo perfil de mercado. Estos besos apasionados sí son muy atractivos además de muy relevantes, a diferencia del *bungee jump* que no es relevante, ya que es muy difícil que el *bungee jump* te vaya a cambiar la vida y mucho menos hablarás de esto durante los próximos años. Por tal razón, los anuncios de televisión que estaban fundamentados en el *bungee jumping* para promocionar sus marcas, y en los cuales jóvenes decían amar mucho los deportes extremos, no lograban grandes resultados, porque aquello no era relevante en sus vidas.

Actitudes, fotos e imágenes como la del beso dejan una huella mucho más fuerte en tu cerebro, y conectan más con el segmento atractivo-relevante. Así que tú debes seleccionar y jerarquizar la información y, además, hacerte siempre la pregunta: ¿De todo lo que tengo sobre la mesa, qué es lo más atractivo y qué lo más relevante?

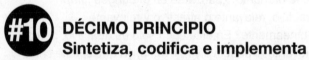

#10 DÉCIMO PRINCIPIO
Sintetiza, codifica e implementa

El poder del código radica en ser el motivo más profundo biológico, subconsciente, emocional y reptiliano para conectarte con una categoría, producto o servicio. Te debe quedar claro qué es lo que lo compone para poder obtenerlo y administrarlo.

El código que moviliza es simbólico. Se trata de un código simbólico que se compone de otros dos códigos. El código cultural y el código biológico.

Código cultural + código biológico = código simbólico

Ahora bien, si encuentras un código y este no llega a una implementación real, no servirá de nada y habrás perdido todo el esfuerzo.

Sin embargo, lo más curioso de todo es que hemos podido probar en cientos de procesos que cuanto más poderoso es el *insight*, más instintivo y biológico es; y por eso merece el nombre de código y no de *insight*. Recordemos que un código tiene casta superior ante un *insight*.

Encontrar un código es mucho más difícil que un *insight*. Los códigos regularmente están en la profundidad oscura del subconsciente y uno requiere estar muy capacitado para sumergirse en esas aguas, mientras que encontrar *insight*, dependiendo de su claridad, pudiera ser encontrado *snorkelando* o buceando a 20 metros.

Encontrar el código no lo es todo, transmitirlo correctamente es gran parte del éxito.

Si le mandas un mensaje emocional-instintivo a una persona, podría, incluso, molestarle, pues es sumamente difícil asimilar este tipo de mensajes tan fuertes.

Por ejemplo: Independientemente de que el código de muñeca bebé es "Sentirme mamá", el día que uses de forma directa y cruda ese código para promocionar muñecas bebé no lograrás nada.

Por eso un código debe transmitirse de forma metafórica; no puedes lanzarlo de forma directa. Si lo mandas de

215

forma directa, vas a generar una negación absoluta. Es bien importante, entonces, sintetizar toda la información y observar la cultura de los países, porque los códigos pueden cambiar muchísimo de una cultura a otra.

Por ejemplo:
Veamos la foto de un señor con muchos perros paséandolos por las calles de una ciudad sudamericana.

Si tienes el código cultural norteamericano, dirás. "Ese señor tiene muchos perros y los pasea todo los días". Sin embargo, si tienes el código cultural sabrás que ese es su trabajo. Por eso debes prestar mucha atención y saber que ese producto o ese servicio no te van a servir en otra cultura.

A pesar de que lo biológico es de lo más importante, el código cultural puede cambiar la ecuación y fórmula de conexión.

De ahí que digamos que el código cultural y el código biológico hacen el código simbólico. El éxito lo encontrarás en el código simbólico.

Encontrar el código simbólico es como encontrar el motivo más profundo y más real por el cual las masas se van a conectar con tu producto y con tu servicio.

EL PENSAMIENTO SIMBÓLICO
Debido a nuestra composición, el modus operandi mental y la inclusión de un cerebro racional junto al emocional, los humanos somos la única especie que reacciona a símbolos. Nuestro pensamiento es

simbólico. Debemos entender que el valor simbólico de las cosas es el valor real de las cosas. Todas las cosas en la vida son buenas o malas, dependiendo únicamente del valor simbólico que tengan. Por eso decimos que la conexión simbólica es el motivo más profundo y real, pero también más subliminal y persuasivo.

Es clave que previamente al proceso de investigación, te hagas la pregunta:
¿Cuál es el código simbólico de la categoría?
Ojo: el código es de la categoría, no de la marca. Por esto un código descubierto debe ser bien resguardado, porque le puede servir a cualquiera para jugar dentro de la categoría.

Sin embargo, el verdadero valor no es tener el código, sino implementarlo con éxito.
Por ejemplo, el código simbólico de la categoría *servicio contable* no es hacer contabilidad efectiva, ordenada, disciplinada a buen precio.

El código simbólico de un contador va mucho más allá de lo regular; es algo que nadie pedirá racionalmente.

Código categoría servicios contables o contador:
Es que tú puedas dormir tranquilo.

Si ellos te venden la idea de que si los contratas, empezarás a dormir tranquilo y dejarás de andar preocupado y así podrás enfocarte en otras cosas, seguramente será más efectivo que tener experiencia, servicio, buenas instalaciones, etcétera.

Otros ejemplos de códigos:

El código simbólico del bolso de mujer: Bastón social.

El código simbólico de las fotos: Instrumento explicativo de tu pasado y futuro para fines educativos.

El código simbólico de la computadora portátil: Escudo de guerra.

El código simbólico de los zapatos de mujer: Compensador hormonal y emocional.

Si te interesa saber cómo es que llegamos a estos códigos, te invitamos a ser parte de mi grupo de Facebook: Mindcode Jurgen Klaric.

Valor simbólico del oro

Yo te hago una pregunta: ¿Por qué el oro ha sido, por muchos años, el metal más apreciado por la humanidad en tantas culturas? Probablemente pienses que es porque los países basan sus economías en oro. Estoy de acuerdo. Pero te hago otra pregunta: ¿Por qué basan sus economías en oro? ¿Por qué no las basan, por ejemplo, en oro blanco, que es más caro? ¿Por qué no en diamantes, que son más livianos y no necesitan tanto espacio y seguridad para protegerlos? Pero las basan en oro amarillo. También puedes pensar que es porque es el más escaso. Pero no lo es. Y no es tampoco el más costoso, ni el más brillante, tampoco el más resistente. ¿Por qué la gente tiene tanta conexión emocional inconsciente o subconsciente con este metal? Pues porque lo que hace que el oro valga es el valor simbólico. Por consiguiente, ¿cuál es el valor simbólico del oro? A través de los años ha sido relacionado con el sol, con Dios y con el poder. En este momento el oro es importante en tu vida, porque ha existido una correlación del color del oro con el del sol, y con el mismo Dios, por lo que si tenías oro eras Dios, y en consecuencia tenías poder.

Este valor significativo (el valor real) del oro se ha dado gracias al valor simbólico, no a su costo. Lo cual explica por qué en estas grandes crisis, mientras el mercado y los productos caen, el oro sube. Por ejemplo, el día en que el sol se apague estaremos en problemas de verdad, por lo que es importante aceptar y entender el significado y el poder biológico del sol en la vida del ser humano, que en figura del oro se convierte en un producto cercano a ti, que puedes tocar.

Valor simbólico del futbol

Vamos a ver el código simbólico del futbol.
Nos hacemos varias preguntas como:
¿Por qué al ser humano le gusta tanto el futbol?
¿Por qué es el deporte más visto y más jugado en el mundo? ¿Por qué el futbol es tan importante para tantas culturas? Todo lo anterior tiene que ver con una cuestión biológica, pero también con una cuestión cultural y simbólica. Por ejemplo, si vemos una imagen en la que está alineado todo el equipo, otra en donde vemos agresión, y otra donde la pelea parece un juego, podremos entender varios significados como la pena y la tristeza, la acción o la agresión; también la amistad, el logro y el premio. Pero cuando vemos muchas cosas como estas y no entendemos el valor del código simbólico y cómo interpretarlo, solo nos llegan simples imágenes frías.

Sin embargo, si sabes leer bien, verás: las filas de los jugadores significan línea de batalla; los técnicos significan generales; los balones, balas; los lesionados, heridos; los goles, éxito de la estrategia; el trofeo, botín; los jugadores, los héroes, y los abrazos, paz después de la guerra. Si se fijan, el código simbólico del futbol es batalla. Ya dentro del cerebro humano –durante décadas, siglos, miles de años– hemos tenido posicionada la idea de la guerra, por lo que ahora, que no peleamos tanto, necesitamos el futbol para generar el sentido de dominación y poder. En consecuencia, podríamos denominar estas peleas entre ciudades y países como batallas simbólicas, que permiten que se conecte el cerebro simbólico.

Valor simbólico del anillo de compromiso

Roberto le da un anillo de compromiso a Ximena. El valor simbólico de este anillo de compromiso puede ser muchas cosas, como estas: me hace sentir única, me cuidará como nadie, siempre me dará lo mejor, protección, trabajó duro e invirtió mucho tiempo para encontrarlo y unión. El anillo, entonces, vale por todos estos significados simbólicos, no por el bonito diseño o por el valor económico. Así, mientras esta mujer tiene el anillo sobre su mano, sus ojos absorben la imagen del anillo. Su cerebro le dice: "Valor simbólico del anillo: todo lo anterior", por lo que luego él mismo generará una cantidad de químicos y dopaminas que manda al cuerpo, y que son sumamente positivos al lograr que el corazón de Ximena empiece a palpitar más rápido.

Pero, curiosamente, por cuestiones neurofisiológicas, las mujeres son mucho más curiosas que los hombres, por lo que Ximena le pregunta a Roberto: "Mi amor, el anillo está divino, ¿dónde lo compraste?". Y Roberto le responde que lo compró en Walmart, en el supermercado, y que además fue a través de la página de internet del lugar. Obviamente estoy dramatizando y exagerando el caso, lo hago simplemente para dejarte claro el significado de los simbolismos. Entonces, cuando ella escucha la palabra Walmart, que pasa por su oído y luego llega a su cerebro, este, inmediatamente, relaciona la palabra Walmart con: es para todo el mundo y es barato. Ese código simbólico pelea fuertemente en contra del otro código simbólico, por lo que su cerebro manda una cantidad de químicos a su cuerpo, que logran, finalmente, que ella decida que ya no le gusta el anillo y que ya no quiere casarse.

 RECUERDA: este ejercicio y estos ejemplos son para explicarte que es más importante el valor simbólico de las cosas que las cosas mismas.

Tenemos que lo más importante que puede percibir el cerebro humano es el poder del valor simbólico. Somos la única especie sobre la faz de la Tierra que tiene la capacidad para interpretar y sentir a través de los valores simbólicos.

Valor simbólico del agua

Hoy el agua vale más que muchos refrescos. Es curioso, pero hace un tiempo estaba con mi hijo de 10 años, en un lugar de hamburguesas, y él, muy chico y muy observador, miraba los menús y me preguntaba: "Papá, ¿por qué el agua es más cara que la Coca-Cola?". Pensé que era interesante que este personaje observe y se cuestione por qué el agua es más costosa que la Coca-Cola (que tiene colorantes y azúcar). Creo que, además, fue una gran oportunidad para explicarle a qué me dedico.

Como hemos dicho, las cosas valen realmente por los significados. El valor simbólico del agua es ser moderno, sano, inteligente y actual; por tal razón, cuando llegamos a las reuniones de negocios ni siquiera somos capaces de pedir Coca-Cola, porque nos sentimos mejor, socialmente hablando, tomando agua. Pero más allá de la vanidad o la salud, vemos que el agua sí se puede vender más cara que los refrescos, porque su valor simbólico genera una percepción que manda un mensaje que es mucho más interesante socialmente.

Valor simbólico de las computadoras portátiles

Hoy las computadoras portátiles, más allá de ser un aparato tecnológico, son un escudo de guerra. ¿Por qué son un escudo de guerra? Porque los escudos de guerra, si tú recuerdas en la historia, tenían un fin funcional: protegerte contra el golpe enemigo; además muchos de ellos traían marcado un mensaje que hablaba sobre lo que representabas, o sobre tus creencias. Hoy las computadoras son esos escudos de guerra que te ayudan a sobrevivir en tu negocio, en tu trabajo, ante la sociedad, y en general, en muchas situaciones. Cuando llegas a las grandes juntas, y todos los que tienen computadoras portátiles empiezan a abrirlas, comienzas a reparar en quién tiene qué. Lo interesante es que si observas de forma consciente lo que es una computadora portátil, y te preguntas sobre qué buscas cuando compras una, sabrás que lo que buscas, realmente, es tecnología estable y económica. Esta es la parte racional consciente, que, obviamente, no será el poder real de la marca, ni conseguirá tampoco que te vuelvas líder, pero que sí debes tener en cuenta para poder construir el resto.

Sin embargo, de forma emocional estás buscando algo mucho más poderoso, interesante y exitoso. De modo que lo racional es: tecnología estable y económica; lo emocional: me siento interesante y exitoso, y lo instintivo, reptil, animal y de supervivencia: intimidar al contrincante, aun de manera subconsciente. Por obvias razones queremos tener esas computadoras de grandes marcas, porque sabemos que la tecnología hoy es un instrumento y una batalla competitiva. Además, si eres un gran ejecutivo y tienes una computadora de segunda, no vas a logar proyectar una muy buena imagen. Así que intimidar al contrincante es fundamental, tal y como lo hacen los hombres de negocios en los almuerzos: ponen sus celulares sobre las mesas, y cuando alguien tiene uno particular y diferente, se ponen a hablar y a comentar.

Es importante recordar que los códigos son de la categoría, no de la marca, es decir, que lo que debes buscar es el código de la categoría: computadoras portátiles, para que después de tenerlo te asegures de que es tuyo y no de la competencia. El código: escudo de guerra, es el que te ayuda a ser diferente y a intimidar al contrincante, sin fallar, ni flaquear en la batalla diaria. Esto es lo que debes tener bien claro para generar el proceso de innovación e implementación. Te repito, este es el postulado que, además, debes procurar no hacer público, pues podría ser peligroso para el cerebro.

El código simbólico del automóvil

Los carros tienen grandes significados y proyectan mucho de sus dueños.

Cuando una persona se compra un carro muy lujoso, es porque el conductor, además de dominar y transportarse, quiere decir algo más allá de lo convencional.

Algo muy común es que la gente pequeña compre carros grandes. Las mujeres prefieren más las camionetas que los hombres. Todo esto se da por compensación y comportamiento biológico.

Por su parte las mujeres, biológicamente, necesitan sentirse más altas y más fuertes, dadas sus condiciones corporales más reducidas.

Y cuando un hombre se siente viejo y solitario, se compra un convertible.

A pesar de que el carro tiene un mismo significado biológico, la cultura le cambia el significado. Por ejemplo, tener carro en California puede significar mucho, pero tenerlo en Nueva York o en Hong Kong es todo lo opuesto.

Por ejemplo: mientras que en la cultura mexicana el carro significa trofeo, en Manhattan significa ser desperdiciado e impráctico.

 RECUERDA: El código cultural cambia y modifica la percepción de las cosas; nunca dejes de ver las cosas desde dos puntos de vista: biológico y cultural.

Por ejemplo: si quieres mostrar subconsciente o conscientemente ser un hombre exitoso, consolidado y clásico, te compras un Mercedes Benz; si quieres mostrar ser un emprendedor, exitoso y joven, te compras un BMW;

si quieres mostrar ser alguien poderoso, te compras un Rolls Royce; si deseas ser interesante, te compras un Bentley; si quieres tener mucho *sex appeal*, ser agresivo y dinámico, te consigues un Ferrari; si lo que quieres es proyectarte como una persona famosa, rica y deportista, te compras un Lamborghini; o si lo que quieres expresar es que eres una persona rockera, *cool*, diferente y moderna, te compras un Mini Cooper. El pueblo norteamericano busca sus carros basándose en su identidad.

Dime quién eres y te diré qué comprar.

 RECUERDA: Preocúpate por encontrar el código simbólico interpretando cuidadosamente y leyendo entre líneas toda la información que tienes, porque ese código simbólico va a ser el motivo real de la conexión emocional e instintiva con tu mercado.

EL INCONSCIENTE COLECTIVO

El inconsciente colectivo es la forma más práctica para que puedas llegar con un solo mensaje a la mayor cantidad de gente posible de forma simultánea, independientemente de tener dentro a personas distintas: hombres, mujeres, niños y jóvenes que piensan diferente pero viven por dentro algunas cosas comunes.

Estudiar, analizar la inteligencia colectiva te ayuda a llegar al máximo mensaje y así conectar con las masas. El inconsciente colectivo es brillante y, por ser básico, se vuelve sólido.

Estudiar de forma personal uno a uno a medio centenar de personas ayuda a entender simultáneamente a miles o millones de personas que tienen el mismo significado en su mente.

Por eso hablar con Pedro, Carlos, Lucía y William no sirve de mucho. Lo que realmente sirve es entender en qué se parece lo que te dice Pedro, Carlos, Lucía y William. Es allí donde la estructura vale más que los contenidos.

Para recordar: Dentro del inconsciente colectivo existen tres códigos, el código biológico, el código cultural y con base en estos dos se puede interpretar el código simbólico.

CÓDIGO BIOLÓGICO
VS. EL CÓDIGO CULTURAL

En este caso no importa si uno es alemán, estadounidense o mexicano, son iguales en su estructura de pensamiento biológico; sin embargo, los tres, sin importar su género y su edad, quieren dominar.

Por tanto, entendemos que, biológicamente, existe la dominación: ¿Ustedes creen quien compró un iPod, lo hizo para dominar? ¿O que uno compra una Mac para dominar?

Sí,
efectivamente.

Si no hubieras tenido un aparato de MP3 o un iPod en el bachillerato, podrías ser mal visto dentro de la tribu. Serías visto como raro por otros integrantes que sí lo tienen. Por consiguiente no hubieses sido seguro ni feliz.

Compramos zapatos, ropa y carros de marca porque son los instrumentos de dominación hacia los otros; decir: "Yo soy mejor que tú o yo tengo esto, yo soy superior a ti" es muestra de ello. En la antigüedad, por ejemplo, los instrumentos de dominación eran las lanzas, y los cueros grandes de animales especiales que nos cubrían. Pero hoy ya no usamos nada de eso, usamos, más bien, carros de lujo y casacas de marca. La forma es diferente, pero el significado es el mismo.

Dominar puede tener una interpretación o actuar diferente. En la cultura iraquí probablemente un rifle es protección y dominación, y en Estados Unidos el mismo objeto puede significar cacería deportiva.

Siempre hazte estas preguntas cuando estés con el consumidor:
¿Cuál es el código biológico? ¿Cuál es el código cultural?

Al entender estos dos conceptos, entenderás cuál es el código simbólico, que nace del inconsciente colectivo.

Debes encontrarlo para poder regresarle una metáfora codificada al inconsciente colectivo de las masas; quienes, finalmente, deberán ser las que se conecten con tu producto o servicio.

RECUERDA: el código biológico, aunque es más definitorio que el cultural, puede cambiar toda la ecuación de la conexión emocional.

Código simbólico de los paraguas transparentes en Japón

Estábamos haciendo un estudio en Tokio y nos llamó la atención que cuando llovía el paraguas favorito de la gente era el transparente. Y es bien simpático, porque si no conoces este método de investigación no sabes cómo funciona la técnica de lectura del subconsciente y del consumidor. Podrías ser un empresario y decir: "Mira qué interesantes son esos paraguas que usan los japoneses, son muy bonitos. Voy a comprar tres contenedores de estos, para llevarlos a mi país y venderlos; además son muy baratos: valen de tres a cuatro dólares. Perfecto, voy a hacer mucho negocio con esos paraguas transparentes". Pero cuando compras los paraguas transparentes y los llevas al país donde vives, los tratas de vender, pero, ¡qué casualidad!, no pasa nada; la gente no compra el paraguas, porque en tu cultura tiene un significado totalmente diferente que en el Japón.

En la estación de Shibuya, uno de los centros con más concentración de gente en todo Japón, en cada cruce, cuando cambian los semáforos peatonales, pueden cruzar entre dos mil y tres mil personas en solo cuarenta segundos. En estas ciudades donde hay tanta gente, y en donde el código cultural es ser respetuoso, honorable y pacífico, este acto es una muestra de gran valor cívico. Si tienes un paraguas transparente, puedes caminar entre muchas personas, viendo por dónde vas sin agredir, ni afectar o golpear a alguien. Habrá, tal vez, otras culturas en las que si tú golpeas a alguien no es tan importante. Pero en esta, específicamente, es bien importante respetar el espacio de cada ser humano. Por tanto, el paraguas transparente es poderoso en la cultura japonesa, pues además de que te protege del agua te ayuda a no agredir a tu prójimo.

Es muy importante, pues, entender el código simbólico, porque en la medida en que tú puedas transferir y entender cuál es el código simbólico –a través de esos *insights* y esos códigos– vas a conectarte con la gente o no.

PIRÁMIDE DE VALORES

En una pirámide de valor, o pirámide de códigos, encontramos los códigos funcionales, los códigos emocionales y los códigos simbólicos. Hemos venido analizando estos últimos.

Códigos simbólicos de las muñecas bebé

¿Cuál es el código de la muñeca bebé? La muñeca bebé ha sido el juguete más vendido en el mundo, fabricado para niñas de 2 a 5 años. Por ejemplo, tú ves a las niñas y te das cuenta de que no se separan de su muñeca. Sin embargo, lo que realmente nos interesa saber es: ¿Cuál es la conexión emocional poderosa que tienen ellas con la muñeca bebé?

Por ejemplo: El código funcional de las muñecas bebés es: son divertidas y las puedo llevar a todas partes, ese es su valor; el código emocional: es mía, es mi mejor amiga y no estoy sola; y el código simbólico, que es mucho más poderoso que los otros dos juntos, es: soy mamá, la quiero y la cuido. Es interesante cómo funciona el simbolismo que hay detrás de lo que siente la niña hacia su muñeca: soy mamá, la quiero y la cuido; una necesidad biológica que tiene ella de ser mujer, además del placer y el deseo de que su mamá la cuide. Funciona como un mensaje, o una neurona espejo, en donde ella quiere ser cuidada, así como cuida a su muñeca.

Si tenemos claro cuál es el código emocional, y entendemos que el código simbólico hace que esta muñeca sea el juguete más poderoso en el mundo, nos preguntamos qué pasa cuando ella de repente deja de amar a su muñeca y decide ya no jugar más con ella. Es curioso, pero agarra a la muñeca bebé, que quería tanto, y la tira desde el tercer piso, luego la peina, la viste divino y la deja en un librero por toda la vida hasta que nace su hija y le dice: "Esa era mi muñeca favorita, te la regalo a ti". Sin embargo, por cuestiones biológicas, el concepto de ser mamá pasa a segundo plano y se pone en primer plano el concepto de ser, de tener una personalidad y una forma y, físicamente, tener algunas cualidades para lograr el éxito.

Código simbólico de las muñecas Barbie

¿Qué les vende Barbie a las mujeres? ¿Por qué la Barbie, a pesar de ser también una muñeca, tiene un prototipo tan distinto al de la muñeca bebé? Su código funcional, curiosamente, es el mismo que el de la muñeca bebé: son divertidas y las puedo llevar a todas partes; el código emocional: es mía, es mi mejor amiga y no estoy sola; y el código simbólico: seré bella y casi perfecta como tú. Es decir, el poder de Barbie radica en su código simbólico. En la anterior generación, cuando la industria Barbie era contundente en el mercado, el ser bella y casi perfecta para obtener a Ken, era sumamente trascendente. Pero hoy las cosas son distintas, ya que este código simbólico, seré bella y casi perfecta como tú, no funciona en muchos países, porque las niñas hoy no solamente quieren ser bellas, quieren ser, además, interesantes y *cool*. Quieren tener una personalidad que trascienda la belleza. Esto explica por qué la muñeca Barbie no tiene el poder que tenía en antes.

Código simbólico de las muñecas Bratz

¿Qué venden las muñecas más exitosas del mundo llamadas Bratz? Bratz, al igual que Barbie y la muñeca bebé, vende el mismo código funcional: son divertidas y las puedo llevar a todas partes; tienen el mismo código emocional: es mía, es mi mejor amiga, no estoy sola. Pero mira qué pasa cuando tú le cambias el código simbólico a una muñeca; el código simbólico de Bratz es: quiero ser *cool* y no necesariamente bella. Exactamente lo opuesto a Barbie.

Entonces, cuando las niñas descubren, en una tienda de juguetes, ambas muñecas, pueden ver el contraste que existe entre ellas. Por ejemplo, en una tienda de juguetes muy grande de Estados Unidos, vemos a Barbie en su *motor home rosa*, ella, más elitista, más esnob, menos urbana, menos *cool*; pero bella, casi perfecta en su *motor*

231

home. Y luego vemos a Bratz, en una Kombi Volkswagen 1970, con su vestido de lentejuela, con la cara pintada y los ojos un poco más agresivos y sugestivos; ella está preparando martinis en una Kombi que se vuelve un bar. Cuando una niña de hoy, después de los 5 años (entre 5 y 9 años), ve estas dos muñecas, sabe que Barbie no conecta simbólicamente con ella, mientras que Bratz sí, y de una forma poderosa. Es interesante ver cómo la misma muñeca con otro código simbólico logra, y casi empata las ventas de Barbie, en casi ocho años. ¿Será que Bratz le está ganando la batalla a Barbie?

Código simbólico de Diesel

¿Qué te venden cuando compras pantalones Diesel? ¿Por qué estás dispuesto a pagar tres, cuatro, hasta cinco veces el precio de unos *jeans* regulares? ¿Que la calidad es mayor? No lo creo ¿Que el concepto es mejor? Sí lo creo. El código simbólico de Diesel es poderoso y contundente para la mente humana porque ese es su negocio. Gracias a su poderoso valor simbólico pueden construir y vender al precio que lo hacen. Pero ¿cuál es ese valor simbólico poderoso de Diesel?

Puedes pensarlo mientras recreamos varias imágenes sobre Diesel: una mujer recostada cómodamente en un sofá y un hombre eufórico con los *jeans* rotos, por ejemplo. Entre cada una de ellas debe de haber algo en común que provoque en el cerebro lo mismo: ¿Qué crees que puede ser? ¿Vivir como *rockstar*? ¿Vivir como un artista? ¿Ser libre? ¿Tener anarquía? ¿Ser diferente? Sí, efectivamente son todas esas cosas, pero ante todo es vivir y ser como una estrella de rock. Las coincidencias son contundentes y permiten que entiendas cómo el código se implementa en el desarrollo del producto y en el mensaje de comunicación.

En otra imagen tenemos los *taches*: lo que tienen los cinturones de los rockeros que, si no me equivoco, se hicieron muy famosos a mediados de los ochenta. Sin embargo, nos llama mucho más la atención el hombre, quien, semióticamente hablando, parece ser un hombre libre y feliz. Es, además, alguien activo y agresivo, pues es capaz de quitarse la camisa y llevar los pantalones rotos. Pero ¿quién es este hombre? ¿Es, acaso, un doctor? No es un doctor. ¿Es un piloto? No es un piloto. ¿Es un ingeniero? No es un ingeniero. ¿Es un publicista? No es un publicista. ¿Es un rockero? Sí, es un rockero. Por consiguiente, lo que logra dicha imagen en tu cerebro es que al comprar ropa de Diesel, logres proyectarte de forma libre y salvaje como lo hace un rockero.

IMPLEMENTANDO EL CÓDIGO SIMBÓLICO EN LA COMUNICACIÓN

¿Cómo llevas tú el código a la comunicación?

Recuerda que lo más importante no es encontrar el código, sino tenerlo en la mano y poder transmitirlo e implementarlo dentro de tu estrategia de mercadeo y de posicionamiento.

Regularmente nuestros clientes, y la gente que usa esta metodología, logran transferir el código a la implementación. Pero también existen muchos casos en los que no saben cómo hacerlo, por lo que es necesario explicarles dicho procedimiento. Porque aunque tengas el código en las manos, si no sabes, o simplemente no llevas el código a la implementación de la comunicación, sería como tirar tu dinero y perder el tiempo. Si el código no es recibido por el inconsciente del futuro cliente que estás buscando, no vas a lograr el éxito en la mente del consumidor.

Estimulando el subconsciente con *priming*

Priming significa modelación del subconsciente. Es una técnica que busca sacar información del subconsciente del significado de las cosas. Es decir, toda palabra tiene un significado. Si yo digo, por ejemplo, *champú*, tu cerebro, inmediatamente, relacionará el término con agua, con ducha, con una mujer hermosa o con pelo largo. Eso es inconsciente colectivo, pues probablemente todos, o una gran mayoría, relacionamos estos conceptos de forma simultánea.

Regularmente, cuando dices una palabra, el cerebro asimila de dos a cinco imágenes; y habitualmente, en el inconsciente colectivo, tres son idénticas. Por ejemplo, si te digo la palabra *Superman* y te pido que imagines y pienses en ella, ¿qué me dirías? ¿Qué es lo que estás viendo? Probablemente en mi cabeza y en la tuya estamos coincidiendo con bastantes imágenes, como: guapo, noble, fuerte y volando. Pero es posible que en otras no hayamos coincidido, y que tú hubieras pensado, por ejemplo, en: lentes, novia o periodista. Pero lo más importante es que en la gran mayoría de las imágenes, empatamos, y que ya eres capaz, con las técnicas aprendidas, de descubrir cuáles son esas tres o dos imágenes más contundentes dentro del inconsciente colectivo. Lo más sorprendente de todo es que, sin decir la palabra *Superman*, la gente va a entender de qué se trata (incluso si no se trata de él), con sencillamente decir hombre guapo, fuerte, periodista y con lentes.

Lo que sucede con el *priming*, con esta técnica de psicología contemporánea, es que se recrea un contexto, donde se activan las estructuras de conocimiento del consumidor, y se transfieren atributos al producto y a la marca. En la medida en que esto va sucediendo, se va generando el principio de modelación del subconsciente de la gente.

Por consiguiente, podemos considerar como efectos del *priming* los siguientes:
• Afecta el impacto de los anuncios en una cultura.
• Los atributos específicos de la marca varían en función del contexto de la comunicación.
• Influye en la intención de compra de la marca.
• Los atributos del producto operan a través de las actitudes de la marca.
Esos son los efectos, y si te fijas, son contundentes, pues logran conectar con la gente, a través de modelar su pensamiento.

El poder del *priming*

Como veíamos anteriormente, es a través de la técnica de la psicología contemporánea llamada *priming* como podemos conectarnos profundamente con un concepto. Y no solo con conceptos, sino también con los signos y los símbolos, o con la semiótica, específicamente, que mezcla tanto signos como símbolos. Estos, como insumos de la comunicación que te permiten, igualmente, modelar y conectar con la gente.

Por ejemplo, ¿qué parte del cuerpo humano genera *priming*? Tal vez, las manos. Si yo muevo las manos en señal de saludo, o como si golpeara una puerta, o hago cualquier otro movimiento, estoy persuadiéndote y enviándote un mensaje. Asimismo, si empiezo a hablar de manera romántica y te digo: "Tú me caes muy bien", pero si simultáneamente muevo la mano como si golpeara, te darías cuenta de que mi boca está vendiendo romanticismo, mientras mi mano está vendiendo fuerza y agresividad. Tu cerebro, entonces, podría no entender lo que está pasando, porque está, a la misma vez, intentando captar todas las imágenes, signos, símbolos, palabras, gestos y tonos para poder conectarse y persuadirse.

Así como los humanos, los animales también persuaden; por ejemplo, el pavo real cuando abre su gran plumaje está persuadiendo a su pareja o futura pareja. Debes comprender que, aunque todos persuadamos, persuadir es muy diferente a "lavarle" la cabeza a la gente. ¿Por qué lo es? Porque el modelo del *priming* está fundamentado en regresar a la gente lo que la gente quiere.

Por ejemplo, si a ti te gusta el amarillo y yo descubro que te gusta, pero lo que yo vendo es azul, yo no voy a convencerte de que te deje de gustar el amarillo, para que tengas como opción al azul. Sería muy costoso y desgastante, además de que no tiene sentido. Lo que sí tiene sentido es que, como sé que te gusta el amarillo, cuando estés en la calle, voy a pasar a tu lado, con algo amarillo, para conectarme contigo. O sea, lo que en realidad hace el *priming* no es solo regresarle a la gente lo que esta está buscando, sino lograrlo de forma subconsciente.

Ahora imagínate que tienes tres imágenes fragmentadas que corresponden a iconos muy reconocidos culturalmente, y que quieres tratar de descifrarlos. La primera, por ejemplo, es relativamente fácil, con solo ver una parte tan pequeña como la boca, puedes reconocer y persuadirte de que se trata de la Mona Lisa. La segunda es aún más sorprendente, pues al ver unas gotitas milimétricas, sabes que se trata del aviso de Coca-Cola. Coca-Cola tiene tanta capacidad sugestiva, que con solo poner las gotitas tu cerebro piensa, inmediatamente, en la gaseosa. La última imagen es también muy interesante, porque una marca como Marlboro no necesita poner todo el logotipo, o toda la cajetilla para lograr que tu cerebro recapacite sobre el producto. Cuestiones minúsculas pueden llegar a ser muy poderosas y efectivas a la hora de comunicar y conectar con la gente.

Si quieres vender y activar un producto como la mantequilla en la cabeza de la gente, debes asegurarte de que funcione bien, es decir, si tú pones mermelada, no te dará el resultado esperado. De modo que si lo que quieres es venderla, debes poner humo caliente sobre un pan. En dicho momento, en el que tu cerebro ve el pan caliente con humo, se siente seducido y persuadido a pensar en mantequilla.

Imágenes como la del pan caliente activan, indirectamente, el deseo de consumir mantequilla y cómo puedes utilizar elementos aislados para lograr que tu cerebro o tu mente se conecte profundamente con el concepto de comunicación. Solo así lograrás generar la conexión subconsciente emocional con tus mercados.

Llevando el código a una metáfora

¿Cómo llevas el código, el *insigth*, a una metáfora? Debes recordar que el cerebro piensa en metáforas. Por tanto, en la medida en que puedas agarrar el código y puedas transmitirlo metafóricamente al cerebro, este se va a persuadir al mensaje.

Imagínate que debes descubrir el código de la telefonía celular y alguien te dice: "Necesito que me descubras el código de la categoría de la telefonía celular". Lo que debes hacer es empezar a investigar, en varios países, qué significa la telefonía celular en la mente de las personas: qué tengo, qué elementos necesito para poder lograr conectarme profundamente con el mercado y para venderles teléfonos celulares.

Debes tener en cuenta, entonces, la pregunta poderosa; pero antes recordar que son mucho más importantes las preguntas que las respuestas, ya que si tú tienes una buena pregunta, por sistema, vas a tener una buena respuesta. Entonces, la pregunta que debes hacerte es: ¿Qué tienen las personas en la cabeza cuando yo digo las palabras telefonía celular? Si tienes la capacidad, con la técnica que acabamos de aprender y entender, de saber cuál es el significado más fuerte del teléfono celular, vas a poder regresar el mensaje.

El código de la telefonía celular

Cuando entras al subconsciente de la gente logras descubrir que la categoría *teléfonos celulares*, significa libertad, posibilidad, sin límites y grandeza, en la gran mayoría de las cabezas subconscientes de muchas culturas y mercados.

Tú también lo haces, pero, por obvias razones, también piensas en otras cosas como: amigos, tecnología. Sin embargo, requieres algo poderoso para vender.

Cuando tienes estos elementos debes hacerte la pregunta: ¿Cómo genero el reemplazo del código en una metáfora?

Sencillo, borras la imagen de teléfono celular y te quedas con los valores para obtener la metáfora.

Es fundamental que lo hagas porque no son recomendables el tipo de mensajes directos, es decir, tú no vas a salir a decir a la calle: "Estoy con la compañía de telefonía celular que me da libertad, posibilidad, grandeza y que no tiene límites". No, porque al cerebro no le gustará por ser tan directo.

Por ejemplo, imagínate que yo fuera un gran contador de chistes, y llego a una reunión y grito:

"Señores, señoras, yo cuento los mejores chistes del mundo, déjenme contarles uno". Desde ese momento el cerebro genera negación. O si yo fuera un gran bailarín, y le dijera a una mujer:
"¿Sabes que yo soy el mejor bailarín del mundo? ¿Quieres bailar conmigo?".

Nuevamente, el cerebro rechaza este mensaje tan directo.
Por consiguiente, lo que debes hacer
es comunicarte a través
de mensajes indirectos
y metafóricos.

Un globo aerostático es la mejor
metáfora
en este caso

Si yo te digo *globo aerostático*,
es posible que tu cerebro piense
y modele las siguientes palabras:
• Grandeza.
• Libertad.
• Colores, posibilidades.
• Sin límites.
• Altura

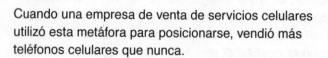

Cuando una empresa de venta de servicios celulares
utilizó esta metáfora para posicionarse, vendió más
teléfonos celulares que nunca.

¿Cómo era la campaña?
Son puras imágenes de un globo gigante aerostático en
el aire con el logo pintado sobre una gran panorámica.
Al ver estos dos elementos juntos: globo y panorámica,
tu cerebro inmediatamente los relaciona con posibilidad,
libertad, grandeza y sin límites.
Probablemente por eso esta compañía de telefonía
celular te seduce. Porque posiciona que es grande, me
da libertad, me da grandeza y posibilidad.

Es la compañía que me va a servir cuando salga de viaje, y necesite estar conectado desde cualquier lugar.

Esta campaña se volvió tan exitosa en México, que quisieron llevarla a otros cinco países. El problema fue que la trataron de mandar sin explicar por qué el globo era tan poderoso. Y como no entendieron la lógica emocional persuasiva, en un país desacreditaron el globo aerostático diciendo que nadie los había visto y que predecía el fracaso.

Interesante, pues no necesariamente tienes que ver un globo aerostático para entender que significa grandeza, libertad, posibilidad y sin límites. Solo con ver una foto, por ejemplo, el globo ya te persuade y te comunica el mensaje.

Pensaron, entonces, que eso de los globos aerostáticos no funcionaría, por lo que decidieron agregarle más emoción inútil. Lo que hicieron fue cortarlo a la mitad, para que diera la sensación de estar en el piso y no haber despegado aún, y le pusieron una niña arriba colgada.

Cuando ves esto puedes pensar que la niña está impidiendo que el globo despegue. De tal manera que esto te manda un mensaje al cerebro en el que no hay libertad, ni posibilidad, ni grandeza. La campaña, al parecer, no fue muy exitosa, porque después tuvo una evolución muy radical: pasaron del globo con la niña encima a un globo pequeño, incluido en la O de una palabra. La campaña ya no existe, pero en otros países sí fue muy exitosa, porque la implementación que hicieron fue diferente.

RECUERDA: lo más importante no es encontrar el código sino tenerlo y saber cómo regresarlo de forma científica, para que puedas mandar los mensajes metafóricos y así conectarte con los tres cerebros de forma simultánea.

Miremos, entonces, cómo puedes pasar de código a metáfora. Por ejemplo, las imágenes publicitarias que te encuentras se llaman *priming* semántico conceptual. El cerebro está acostumbrado a ver cualquier tipo de imágenes, sin embargo, tú mismo puedes ser muy agresivo. Es decir, si tú dices *mantequilla*, la gente va a pensar en pan caliente, pero tú puedes generar un efecto que sea exactamente lo contrario, aunque el cerebro se descontrole.

Les voy a mostrar dos ejemplos de cómo conectar con el cerebro y darle exactamente lo contrario. ¿Qué pasa cuando ves pasar un carro blanco, y en los siguientes minutos, más carros blancos? El cerebro no deja de estudiarlos y analizarlos, pero inmediatamente después, les pone menos atención. Entonces, después de que pasan estos treinta carros blancos, pasa uno rojo, y el cerebro se conectará de nuevo fuertemente. Es igual, si pasan veinte carros rojos, se desconecta, pero cuando aparece uno rosa se conecta de nuevo.

El cerebro es un cúmulo de información y memorias muy importante, en el que todo tiene un significado; información y memorias que sellamos desde que estamos en el vientre materno. Para poder mandar imágenes metafóricas de regreso y conectar con la gente, debemos mandar un mensaje exactamente contrario. Este proceso se llama *descontextualización*, que es como desconceptualizar el efecto, el proceso y la metáfora en la mente de las personas para hacer que se conecten.

Mira bien este ejemplo de descontextualización que te voy a dar. ¿Qué pasa cuando piensas en la torre Eiffel? Seguramente imaginas una ciudad clásica, con un vasto prado y una panorámica casi infinita. Y aunque lo intentes no podrás imaginar, por ejemplo, una palmera en París, junto a la torre Eiffel. Pero lo interesante radica en que tenemos una imagen en la que vemos la torre Eiffel, como representación de lo urbano y lo formal, y en el mismo espacio, encontramos las palmeras, como si se tratara del trópico. En este espacio se ubica también el hombre irreverente, la estrella de rock, que se anima, que es libre y vive la anarquía.

Cuando tu cerebro ve una imagen como esta, se dice: "No entendí nada, me estoy volviendo loco, ¿qué es esto?". Claro, está totalmente descontextualizado. Sin embargo, en ese mismo momento se reconecta y se concentra en el mensaje, pues está interesado en entender qué es lo que está raro, qué es lo curioso y qué está pasando con esta imagen. Pero tú te preguntarás: ¿Por qué mi cerebro no tiene esa información registrada dentro de su sistema de memoria?

 RECUERDA: lo que haces no es cambiar el pensamiento de las personas; al contrario, lo que haces es regresarles las imágenes, las metáforas, los símbolos y los signos que ya tienen en su cabeza.

Imaginemos, entonces, varias escenas, la primera: *shopping*, mujeres todo el día de *shopping*; la segunda: palmeras, agua, humedad, playa; la tercera: comida rápida, comida poco *gourmet*. Puedes, incluso, imaginarte una escena en la que te sientes a comer e inmediatamente sigas con el *shopping*. De tal modo que si vuelves a recrear las tres imágenes en tu cabeza, es muy posible que tu cerebro esté siendo modelado y seguramente llegues a la conclusión de que la palabra que encierra a las tres es Miami.

Así funciona esto para que logre ser efectivo. Por eso te digo –y no me canso de repetírselo a mis clientes en todas las empresas–: tú que vas a empezar a trabajar con esta técnica, tienes que entender que descubrir el código no necesariamente es lo más poderoso. Debes tener la capacidad, la cultura y el conocimiento para llevarlo a la mente subconsciente del consumidor y conseguir así la conexión profunda. No hay códigos milagrosos, porque estos son la receta, el instrumento y la técnica.

Transfiriendo el código a un empaque

¿Cómo llevar un código a un empaque? Pues es esta una de las formas más efectivas para el proceso de decisión, que se da comúnmente cuando estás enfrente del producto. Por ejemplo, ¿cómo debe ser el empaque de la comida para perros?

Imagínate el caso de una empresa de comida de perros que tiene problemas a la hora de cambiar el empaque porque no sabe cómo hacerlo. Sin embargo, antes de cambiar el empaque, debes preguntarte sobre lo que tiene la gente dentro de la cabeza y sus emociones, para conectarte con ese nuevo empaque. Para conseguirlo, tienes que descubrir el código simbólico de la comida de perro.

Si ahondas en la técnica que te he enseñado, y consigues la profundización del entendimiento real del subconsciente del ser humano, descubres varias cosas importantes.

Por ejemplo, las personas que tienen un perro como mascota y son fanáticos de ellos no lo ven como perro; esa concepción no existe en sus mentes. Lo que sí existe para ellas es: Bebé, Chiquito, Rocky, o niño, hermano, familia. Es obvio que si estas personas no los ven como perros, no puedes anunciar en televisión o en los empaques conceptos relacionados con ellos. Imagina, entonces, un anuncio de televisión que diga: "La comida para perros campeones, compra esta comida para que tu perro sea un campeón". Inmediatamente, estas personas se preguntarán: "Pero ¿a quién le hablan? Yo no tengo perro, yo tengo Rocky". O por ser más específico, si llegas a la casa de un amigo, fanático de estos animales, y sale su perro y te brinca encima, le podrías decir: "¡Qué lindo perro!", diferente a que le preguntes el nombre de su mascota.

Por esta razón debes conectar profundamente con el concepto que tienen las personas amantes de los perros, pues ellos ven en él más que una mascota, ven en ellos un integrante más de sus familias. Es interesante, entonces, que si ellos no ven a su perro como tal, sino como a un hijo o un compañero, un novio, un bebé, etcétera, sus cerebros, probablemente, tampoco piensen en comprar comida de perro.

Pero hazte la pregunta: ¿Será que ellos sienten culpa

cuando compran comida de perro para sus mascotas?
Pues es aquí donde comenzamos a profundizar y a
entender que definitivamente sí sienten culpa. Nada
extraño que muchos quieran comprarles compotas
Gerber, o cereales finos, o les regalen un delicioso trozo
steak. Pero la realidad es otra, y muchos tal vez no
tengan el dinero para comprarlo; por lo que necesitan
recurrir a la comida de perro.

Por lo tanto, la marca tiene que ser muy brillante y
procurar no vender comida de perro aunque sí lo sea. El
código es, entonces, desvanecer la culpa. Es decir, debo
desvanecer la culpa para lograr conectarme, y asimismo,
persuadir a la gente de que compre la comida de perro
que yo vendo.

Debes recordar que la mente humana piensa en
estructuras, no necesariamente en contenidos, pues
las estructuras son más poderosas que los mismos
contenidos. Si mantienes la estructura y reemplazas los
contenidos, puedes lograr que, inconscientemente, las
personas piensen en comida humana en vez de comida
de perro. Imagina, por ejemplo, el empaque de cereales
Zucaritas: todo un mundo semiótico. Si lo
recuerdas, sabrás que a un lado está el
bol de las Zucaritas, que detrás está el
tigre y que en la parte superior se lee:
Zucaritas, apuntando hacia
arriba. Lo que tienes aquí es
un concepto muy arraigado
dentro de tu cabeza.
La estructura de cereales
Kellogg's es todo este

empaque. Si lo que quieres es dejar de vender comida de perros, lo que debes hacer, entonces, es dejar la misma estructura del empaque de Kellogg's, y adicionárselo a la de los perros. Piensa en cómo sería esta propuesta: muy interesante. Por ejemplo, el producto de perros con un perro en vez de un tigre. Un producto como el cereal Belenes: adicionado con trece vitaminas, además con ingredientes que comen los humanos.

El empaque de Belenes tiene exactamente la misma estructura que el de Zucaritas, por lo que genera tanta conexión emocional y subconsciente con las personas que compran comida de perro y que aman mucho a su perro. De este modo, se llevan el código, la información y los *insights* a un proceso de comunicación y de *priming*, a un empaque de comida de perro.

Para terminar te quiero explicar y dejar bien claro que el modelo general de innovación es siempre identificar necesidades latentes, además de entender y abrir bien los ojos para saber qué hay en el cerebro subconsciente (no en el consciente). A través de observación profunda y del uso de técnicas como esta, puedes, repito, conectar profundamente.

RECUERDA: investigar, conocer, hacer planeación estratégica, y luego, innovar la comunicación a través de buena creatividad. Porque es allí donde se generan las buenas ideas y se crean los prototipos. Debes saber, sin embargo, que la creatividad, en algunos casos, puede ser muy peligrosa, también ha quebrado muchas empresas.

Por lo tanto, debes primero descubrir, después implementar y lanzar, para finalmente explotar de forma efectiva. Es muy importante que comprendas que en la medida en que tú sepas conocer al consumidor y que abras y veas claramente las necesidades subconscientes e instintivas del consumidor, vas a poder conectar con él.

Mi recomendación, finalmente, es: siempre considera las tres i: investigación, innovación e implementación. Investiga, innova e implementa.

Y recuerda que no sirve de nada investigar e innovar si no vas a implementar. El éxito va a llegar en la medida en que tengas la capacidad de implementar. Por esto hay que tener presente que

> **"Para ser exitoso no tienes que hacer cosas extraordinarias, haz cosas ordinarias extraordinariamente bien".**
>
> —Jim Rohn

Si te fijas en el mundo de la codificación subconsciente simbólica, no tienes que hacer muchas cosas, en lo cotidiano lo encuentras, pero codificado de forma subconsciente.

Por último te pregunto:

¿LO SUBLIMINAL EXISTE?

SÍ

100%

¿Ya abriste los ojos?

nota final

No quiero cerrar este libro sin reconocer las aportaciones de todos los grandes autores que me inspiraron.

Menciono de forma especial a Edward Bernays, a quien se le atribuye el hoy cuestionable mérito de lograr que las mujeres fumaran.

Algo de esa historia puede leerse en la reseña de Noam Chomsky, publicada en la contraportada de la edición en español de *Propaganda*: "Bernays es una especie de gurú —escribe Chomsky—. Su gran golpe, el que le catapultó a la fama en la década de 1920, fue conseguir que las mujeres empezaran a fumar. En esa época las mujeres no fumaban y él lanzó campañas masivas para Chesterfield. Conocemos las técnicas: modelos y estrellas de cine con cigarrillos en la boca y demás".

Al leer la nota "Grupo de mujeres dan caladas a cigarrillos como gesto de 'libertad'", publicada en *The New York Times* en abril de 1929, podemos darnos cuenta del poderoso mensaje que Bernays logró infundirle al cigarro:

"Nueva York, moderna y próspera, celebraba la Pascua. Los modelos de las máquinas eran de 1929. Las formas exhibidas eran las del futuro. [...] Alrededor de una docena de jóvenes mujeres se paseaban de un lado entre la iglesia de Santo Tomás y la catedral de San Patricio [...] fumando cigarrillos con mucho alarde. [...] Una mujer del grupo explicó que los cigarros eran 'antorchas de libertad' iluminando el camino del día en el que las mujeres fumarían en la calle de manera casual, igual que los hombres".

Sobre la inspiradora técnica de investigación creada por el Zaltman, mejor conocida como ZMET (Zaltman Metaphor Elicitation Tecnique), cuyo fin es investigar la mente de los consumidores, recomiendo: Emily Eakin, "Penetrating the mind by metaphor" [*The New York Times*, 23/feb/2002].

Ahí se explica que a raíz de un viaje a Nepal en 1990, Gerald Zaltman repartió cámaras fotográficas entre un extenso grupo de nepaleses y les asignó esta tarea: "Si tuvieras que dejar este pueblo para ir a vivir a otro lado, y quisieras mostrarle a la gente en el nuevo lugar cómo era la vida aquí, ¿qué imágenes te llevarías para mostrárselas?".

Cuando hubo revelado los rollos, regresó a repartir las fotografías entre los fotógrafos, quienes en su mayoría nunca habían usado una cámara. Con ayuda de un traductor los entrevistó respecto a su trabajo y descubrió historias impresionantemente complejas, que le permitieron entender la mentalidad de esa cultura lejana.

Así, por ejemplo, se enteró de que la omisión de los pies en las fotos no estaba causada por la inexperiencia de los fotógrafos, sino que había sido deliberada ya que el andar descalzo simbolizaba para ellos pobreza.

Obviamente, la ZMET ha sido una aportación muy valiosa e inspiradora para el trabajo de campo que he realizado en muchas y muy variadas culturas. [http://www.nytimes.com/2002/02/23/arts/penetrating-the-mind-by-metaphor.html]

fuentes

Bernays, Edward, *Propaganda*, Barcelona, Melusina, 2008.

Dawkins, Richard, *El gen egoísta. Las bases biológicas de nuestra conducta*, Salvat, 2014.

_____, *El fenotipo extendido. El largo alcance del gen*, Capitán Swing, 2017.

_____, *El relojero ciego. Por qué la evolución de la vida no necesita de ningún creador*, Tusquets, 2015.

Freud, Anna, *El yo y los mecanismos de defensa*, Paidós, 2013.

Jung, Carl Gustav, *El hombre y sus símbolos*, Paidós, 1995.

Kotter, John, *Al frente del cambio*, Empresa Activa, 2007.

Lorenz, Konrad, *El anillo del rey Salomón: violencia y comunicación en animales y hombres*, S.L. Ediciones Irreverentes, 2002.

_____, *Hablaba con las bestias, los peces y los pájaros*, Tusquets, 2015.

MacLean, D. Paul, *The Triune Brain in Evolution: Role in Paleocerebral Functions*, Nueva York, Plenium Press, 6ª ed., 1990.

Rapaille, Clotaire, *El código cultural*, Grupo Norma, 2004.

Roberts, Kevin, *Lovemarks, el futuro más allá de las marcas*, Empresa Activa, 2005.

Zaltman, Gerald y Lindsay H. Zaltman, *Marketing Metaphoria: What Deep Metaphors Reveal About the Minds of Consumers*, Harvard Business School, 2008.

Zaltman, Gerald y R. Coulter, "Seeing the voice of the customer: metaphor-based advertising research", *Journal of Advertising Research*, vol. 35, núm. 4, julio-agosto 1995, pp. 35-51.

Zaltman, Gerald, *Cómo piensan los consumidores*, Empresa Activa, 2004.